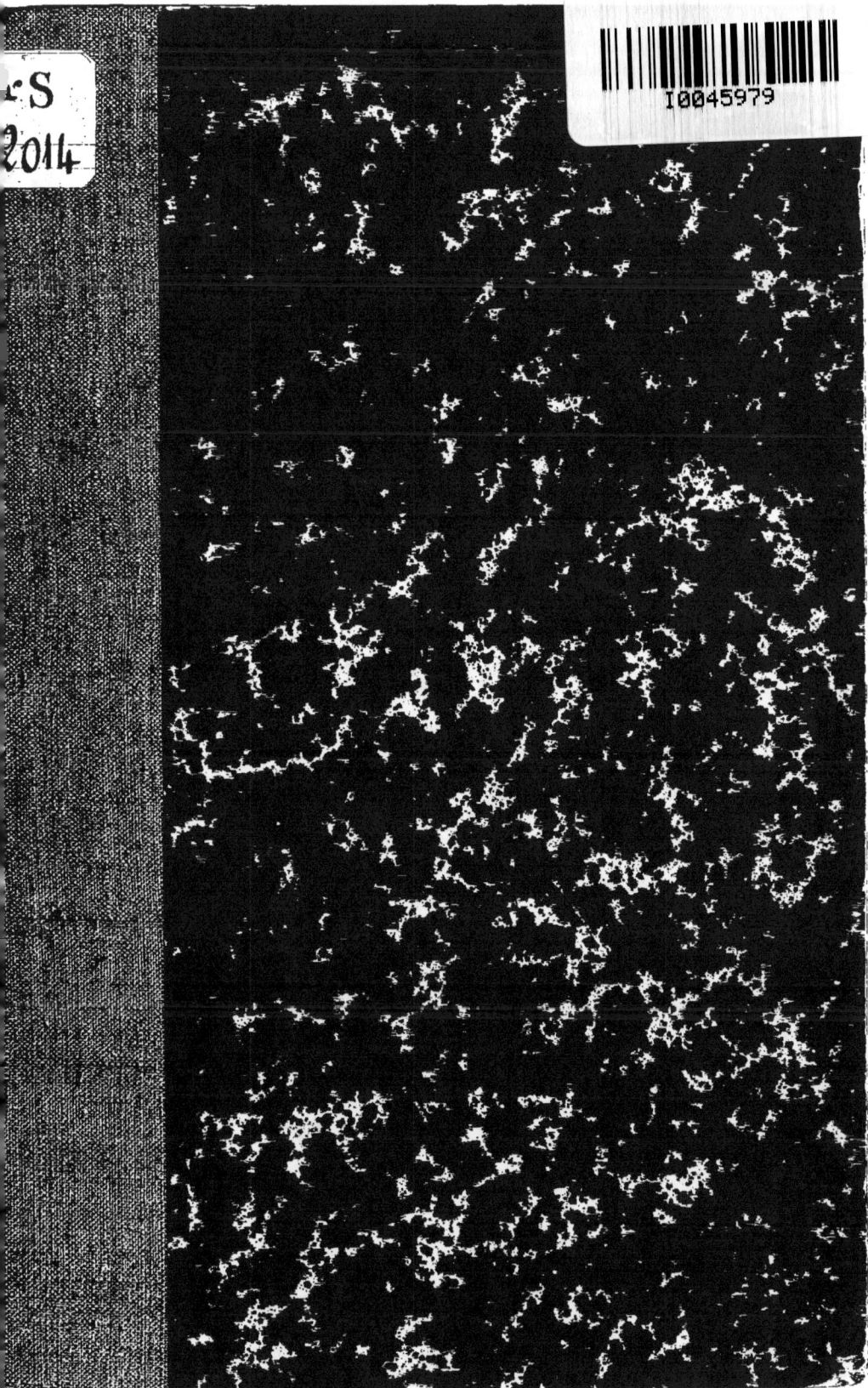

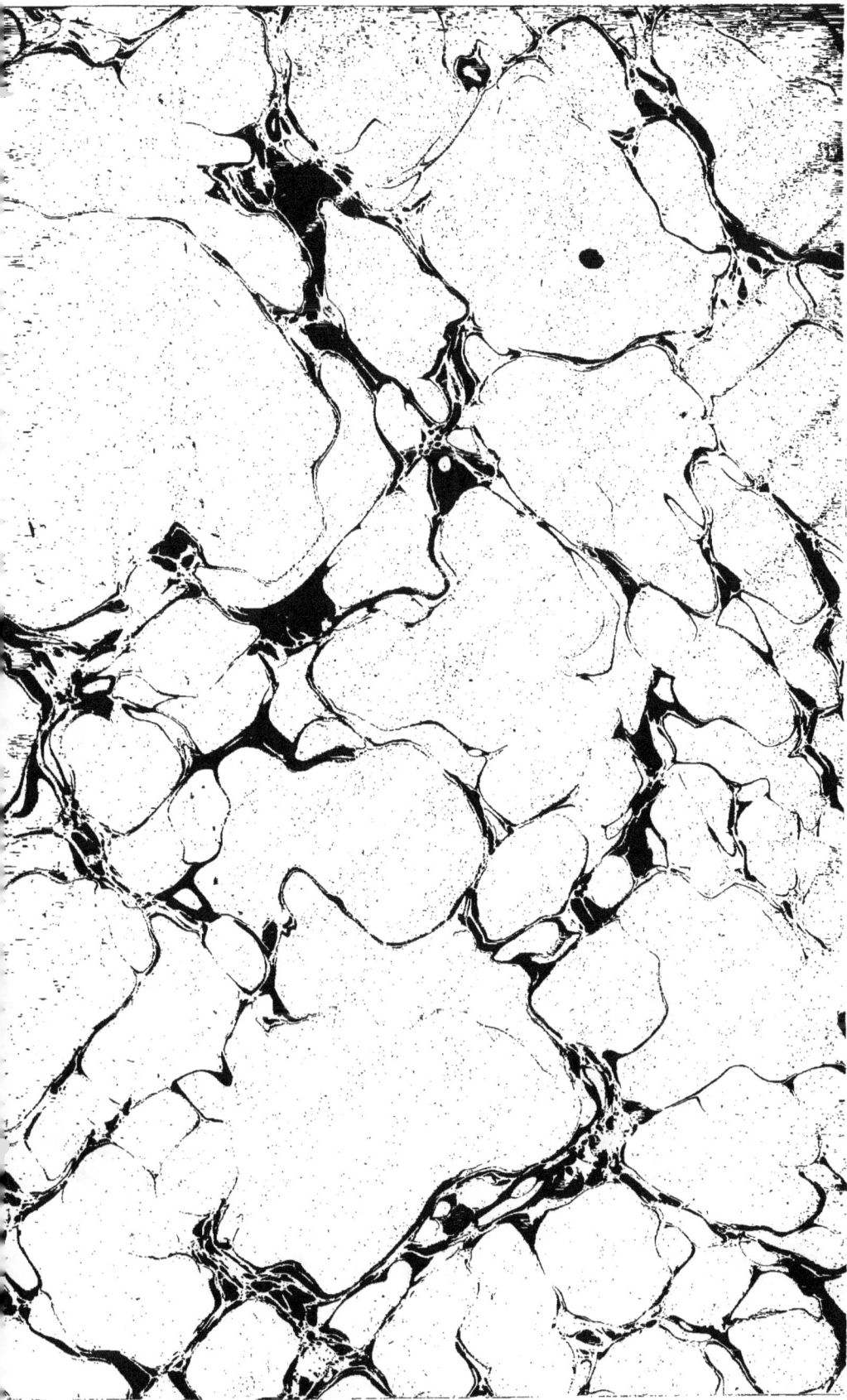

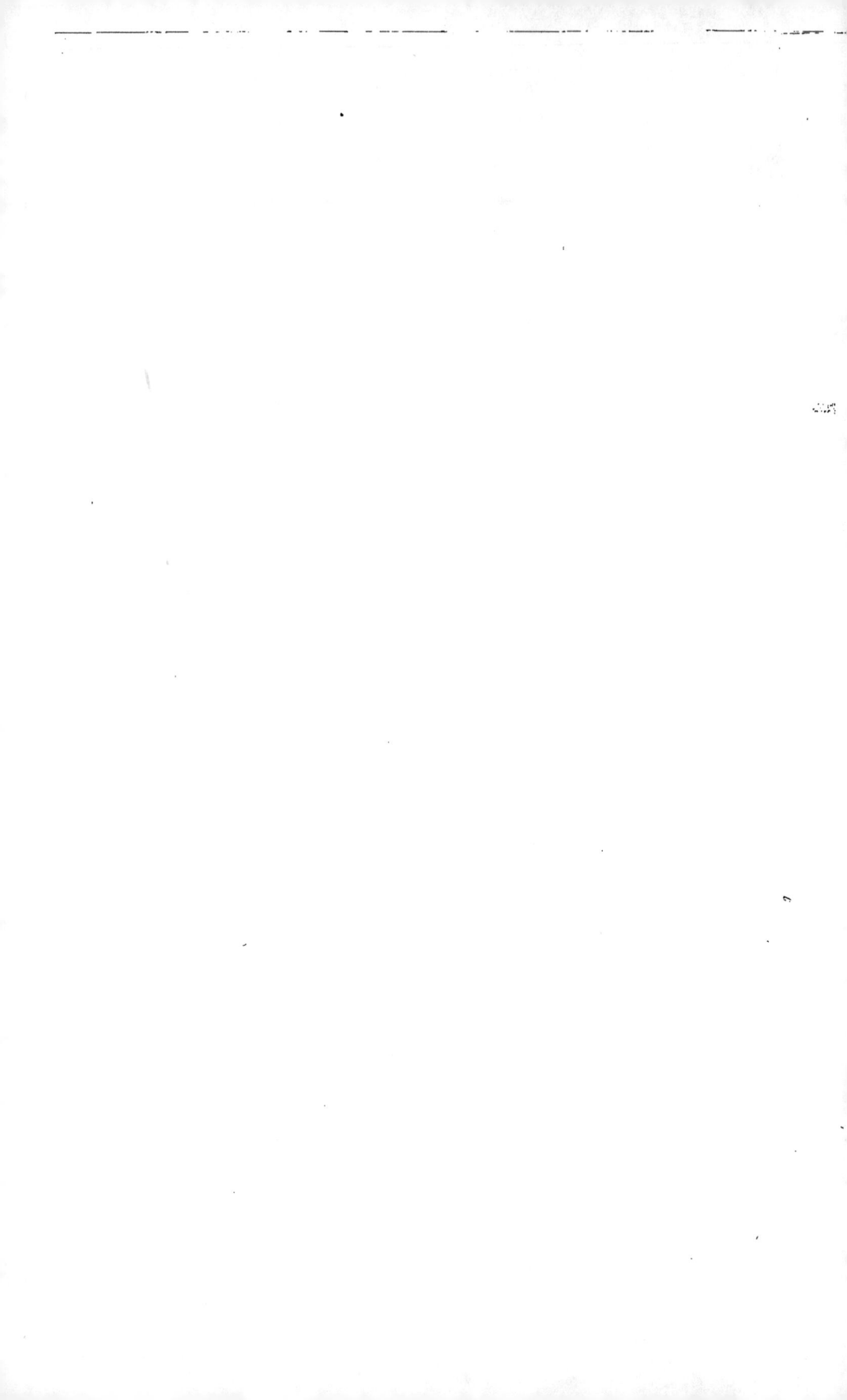

RÉPUBLIQUE FRANÇAISE

MINISTÈRE DE L'AGRICULTURE

ADMINISTRATION DES EAUX ET FORÊTS

EXPOSITION UNIVERSELLE INTERNATIONALE DE 1900

À PARIS

RESTAURATION ET CONSERVATION

DES TERRAINS EN MONTAGNE

LES TERRAINS ET LES PAYSAGES TORRENTIELS

(BASSES-ALPES)

PAR M. CHAMPSAUR

INSPECTEUR DES EAUX ET FORÊTS

PARIS

IMPRIMERIE NATIONALE

MDCCCC

RESTAURATION ET CONSERVATION

DES TERRAINS EN MONTAGNE

LES TERRAINS ET LES PAYSAGES TORRENTIELS

(BASSES-ALPES)

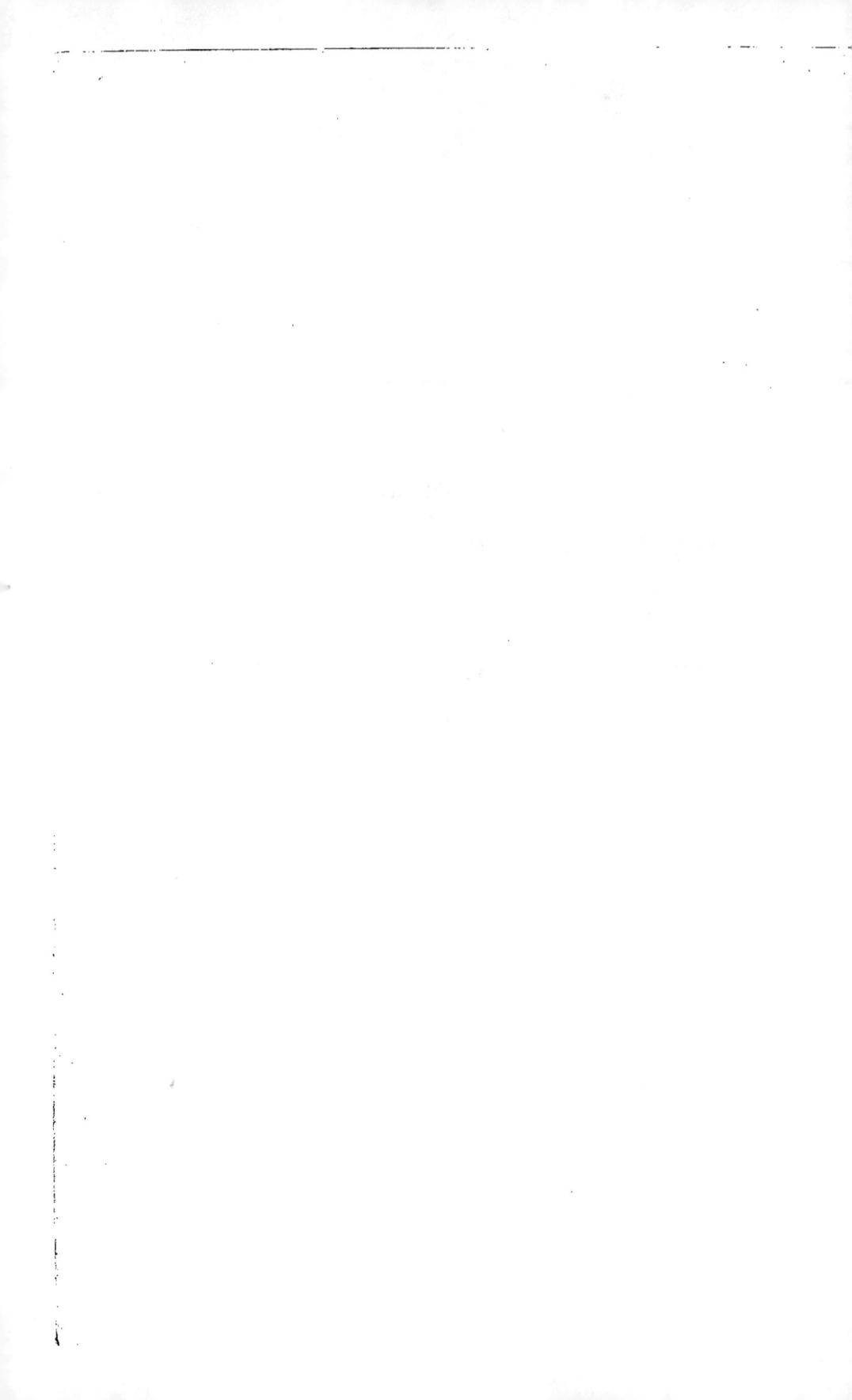

RÉPUBLIQUE FRANÇAISE

MINISTÈRE DE L'AGRICULTURE

ADMINISTRATION DES EAUX ET FORÊTS

EXPOSITION UNIVERSELLE INTERNATIONALE DE 1900

À PARIS

RESTAURATION ET CONSERVATION

DES TERRAINS EN MONTAGNE

LES TERRAINS ET LES PAYSAGES TORRENTIELS

(BASSES-ALPES)

PAR M. CHAMPSAUR

INSPECTEUR DES EAUX ET FORÊTS

PARIS

IMPRIMERIE NATIONALE

MDCCCC

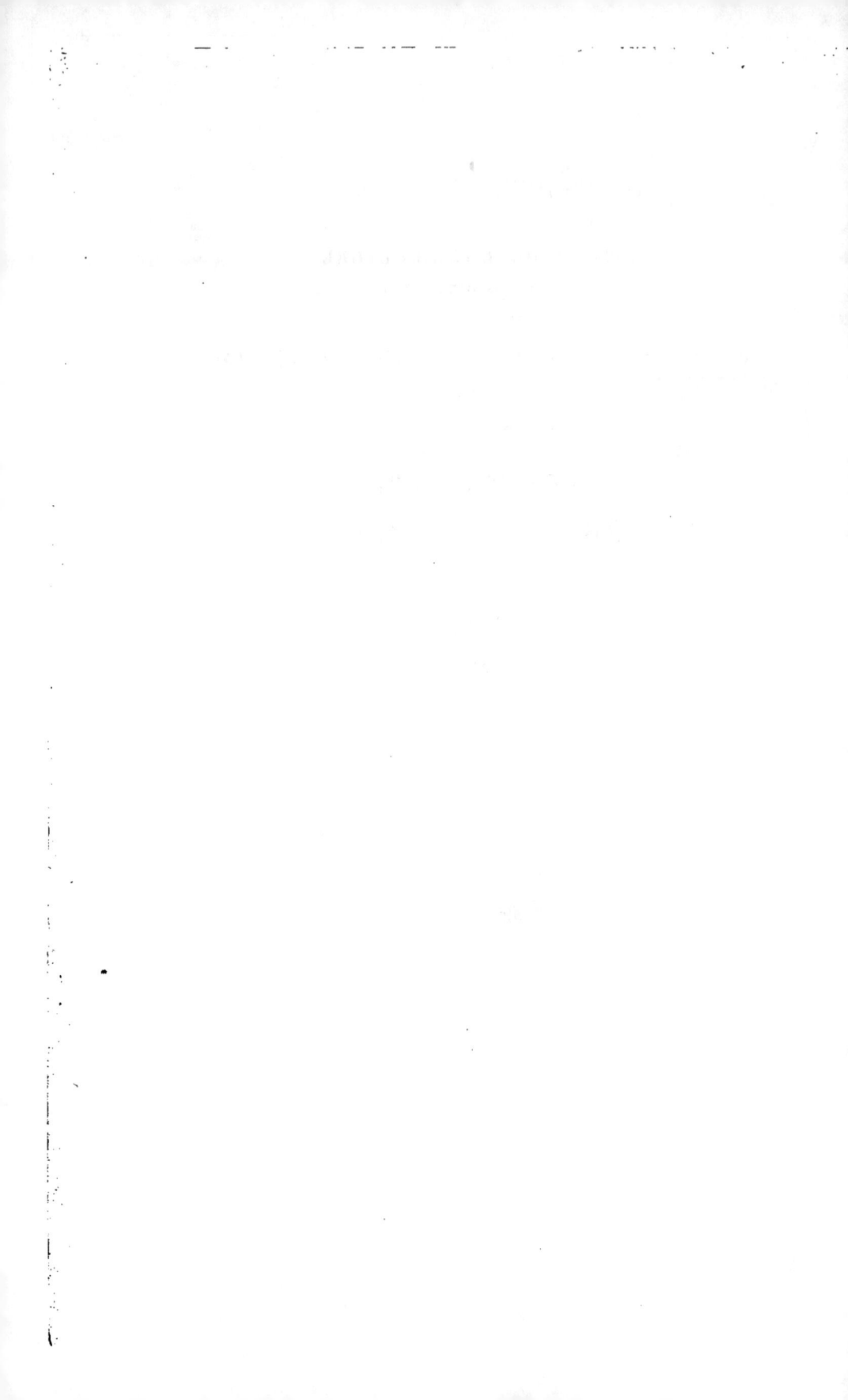

RESTAURATION ET CONSERVATION
DES TERRAINS EN MONTAGNE.

─────

LES TERRAINS ET LES PAYSAGES TORRENTIELS.

(BASSES-ALPES.)

───────>⟶⟵────────

PRÉLIMINAIRES.

Le département des Basses-Alpes, limité au nord-est par la
ligne de faîte des grandes Alpes, couvert par des ramifications importantes de cette chaîne, forme une grande partie des bassins supérieur et moyen de la Durance.

Il entre ainsi, pour une bonne part, dans la constitution d'une
vaste région montagneuse, bien naturelle sous tous les aspects :
la haute Provence, du nom même sous lequel les Basses-Alpes
étaient autrefois plus particulièrement dénommées. C'est la même
région qui, plus tard, a été appelée « la terre classique des
torrents ».

Le département en forme la partie la plus aride et la plus dé-
vastée par les phénomènes torrentiels, où le paysage paraît le plus
ingrat, soit par la succession constante de montagnes abruptes, dénudées et déchiquetées en tous sens par les ravins, soit par les
amoncellements de matériaux de toutes grosseurs, amenés par les
torrents à leurs débouchés dans les vallées (cônes de déjection),
soit encore aux sorties de gorges sauvages (de clues), par les longues plaines monotones de graviers qui constituent les lits des rivières pendant les crues torrentielles.

Le climat provençal y règne partout, avec les modifications importantes qu'entraînent seulement les différences d'altitude. Des pluies d'automne et de printemps, de longues sécheresses en hiver et en été le caractérisent surtout, avec les retours périodiques du mistral, moins violent et moins fréquent cependant qu'en basse Provence. Le ciel reste sans nuages pendant de longues périodes. Presque toujours aussi l'air s'y maintient sec, et l'atmosphère, d'une grande limpidité, permet la vision à de très grandes distances. Les orages y sont très violents, souvent répétés à courts intervalles au mois d'août, et accompagnés de chute abondante de grêle. La flore et la faune générales s'y montrent sous le double facies alpin et provençal, suivant l'altitude, la situation et l'orientation des versants. La végétation apparaît aussi avec des différences très caractéristiques, selon les expositions : au nord, elle occupe, par places, des surfaces importantes sous un aspect assez vigoureux; au midi, au contraire, elle apparaît seulement comme simples taches sur d'immenses versants arides.

C'est sous ces caractères généraux et, particulièrement, pour son aspect d'aridité, de sécheresse et de désolation que le département des Basses-Alpes est bien connu et a été souvent décrit.

Si les circonstances particulières à la nature des lieux, du sol et du climat ont contribué pour beaucoup à donner cet aspect à la région, il est établi aujourd'hui que la cause principale en est due à la destruction continue des forêts et des pelouses, du fait des populations qui l'ont habitée et qui s'y succèdent.

A cet égard, si l'origine du mal a toujours été justement attribuée pour une bonne part aux déboisements, elle n'a été étudiée attentivement que depuis le commencement de ce siècle, par une série d'hommes éminents, administrateurs, économistes, ingénieurs et forestiers. Ces études, commencées tout d'abord dans la haute Provence, sont applicables à toutes les régions montagneuses. L'historique en est fait dans l'ouvrage publié en 1894 par le plus ardent et le plus dévoué défenseur de l'œuvre de la restauration des montagnes, Demontzey (*L'extinction des torrents en France par le reboisement*, chap. III). Le *processus* de la ruine du sol et de la dévastation des versants et des vallées a été complètement décrit par ces maîtres.

Des lois sont intervenues et l'œuvre de réparation a été courageusement entreprise par le service des eaux et forêts, avec toutes les difficultés inhérentes à toute grande entreprise nouvelle, au milieu de populations hostiles, ne voyant d'abord dans ces travaux que des restrictions à l'exercice du pâturage et des troubles à leur vie économique.

Aux hardis pionniers de la première heure, Demontzey vint, peu après, apporter le concours absolu de sa haute intelligence, de sa puissance de travail et de ses rares mérites d'administrateur. A tous ses postes successifs dans la hiérarchie du Corps des eaux et forêts, véritable apôtre de l'œuvre nouvelle, il entreprit les travaux les plus divers et les plus importants, fit des disciples, formula les méthodes et les procédés à suivre et, par des exemples de terrains restaurés dans les conditions les plus difficiles, il parvint à créer un mouvement d'opinion de plus en plus favorable à l'extension désirable des travaux de restauration.

Cette œuvre, généralisée en France et dans quelques pays, acquiert peu à peu son développement normal dans les Basses-Alpes, où elle a été commencée, en réalité, il y a moins de quarante ans.

La connaissance toujours plus complète de l'ensemble des terrains à restaurer, les progrès des méthodes et des procédés, soit pour la correction des torrents, soit pour le reboisement proprement dit, y sont poursuivis sur un champ de plus en plus vaste, avec l'expérience des travaux précédemment entrepris et des résultats obtenus dans les conditions les plus diverses. La superficie des terrains acquis par l'État pour être restaurés est, en effet, pour les Basses-Alpes, de 42,829 hectares (situation au 31 décembre 1899).

1.

C'est dans ces conditions qu'il y a intérêt à étudier de nouveau, à divers points de vue, les périmètres de restauration des Basses-Alpes.

La présente notice concerne une seule des parties à traiter à ce sujet : les diverses questions se rattachant à l'étude des terrains.

CHAPITRE PREMIER.

RELIEF GÉNÉRAL DU SOL.

Art. 1ᵉʳ. — **Aspect général.**

Les Alpes sont dues à d'importants soulèvements de l'époque tertiaire.

De leur origine relativement récente, elles conservent le facies de région où les causes physiques, modificatrices du relief de la terre, ont encore une grande activité, où les vallées ont à se creuser plus régulièrement, les escarpements et les pentes à prendre des profils plus adoucis.

Les Basses-Alpes ont cet aspect avec un relief partout puissant et extrêmement mouvementé.

Depuis les hautes crêtes des grandes Alpes, qui s'y élèvent encore jusqu'à 3,400 mètres, jusqu'au débouché de la Durance, par 250 mètres d'altitude, à la limite du département, une série de chaînes imposantes, d'épais contreforts se succèdent, sous une première apparence de chaos, donnant à tout le pays son caractère de région essentiellement montagneuse, à lignes générales puissantes, découpées d'accidents brusques, infinis et variés. Tout ce système montagneux peut se subdiviser en une série de chaînes et chaînons, ainsi qu'il est indiqué dans les articles 2 et 3 ci-après.

Art. 2. — **Grandes Alpes.**

Au nord-est, la chaîne principale, formant frontière avec l'Italie, dresse ses escarpements abrupts et grandioses.

On y remarque, du nord au midi :

Tête des Toillies (3,179 mètres);

Col du Longet, près du Viso (2,672 mètres);

Grand Rubren, comprenant un glacier sur le col du Longet (3,341 mètres);

Brec de Chambeyron, point culminant, avec le glacier du Marinet (3,388 mètres);

Col de la Madeleine, seul col traversé par une route (1,995 mètres);

Rocher des Trois-Évêques (2,858 mètres).

Cette chaîne ne comprend qu'une surface restreinte de terrains à restaurer, avec le torrent de Bouchiers à Meyronnes et plusieurs grands torrents sur Saint-Paul, notamment ceux qui travaillent à combler le lac de Paroird; ces derniers ne sont pas compris dans le projet de constitution du périmètre de l'Ubaye.

Art. 3. — Chaînes détachées des grandes Alpes.

Le département est limité ou traversé en son entier par des ramifications de trois chaînes détachées des grandes Alpes.

§ 1. RAMIFICATIONS DES ALPES DU DAUPHINÉ.

Ces ramifications forment au nord-ouest du département, sur la rive droite de la Durance, trois chaînons parallèles, orientés de l'est à l'ouest et formant des escarpements vers le nord :

1° La crête secondaire formant la limite Nord du département et du bassin du Jabron. On y remarque :

Pé-de-Muou (1,543 mètres);

Citadelle de Sisteron (600 mètres);

2° La longue crête de Lure, peu découpée, formant la limite Sud du bassin du Jabron et de l'extrémité Nord-Ouest du département. Le point culminant est à 1,827 mètres. Cette chaîne forme des escarpements et des pentes très rapides au nord, sur le Jabron, tandis que, vers le sud, c'est un grand plan incliné jusqu'aux terrasses de la Durance;

3° L'extrémité Est de la chaîne du Lubéron, venant se terminer au confluent du Largue et de la Durance, entre Dauphin et Volx. Le point culminant est à 797 mètres. Toute la région parcourue par ces chaînes (rive droite de la Durance) est moins abrupte et moins dénudée que le reste du département. Les zones de terrains à restaurer y sont aussi plus restreintes; elles ne comprennent pas de grands torrents et comporteront surtout des travaux de reboisement proprement dits.

§ 2. CHAÎNE DÉTACHÉE DES GRANDES ALPES À LA TÊTE DES TOILLIES.

Cette chaîne, dirigée du nord-est au sud-ouest, puis à l'ouest, limite au nord-est les Basses-Alpes des Hautes-Alpes et forme la ligne de faîte entre la Durance et son affluent l'Ubaye. Toujours très élevée, avec de grands escarpements et des pentes très rapides vers le sud, sur l'Ubaye, elle ne présente qu'une grande dépression, au col de Vars, 2,115 mètres. On y remarque :

Font-Sancte (3,370 mètres);
Le Parpaillon (2,956 mètres);
Morgon, fin de la chaîne sur la Durance (2,326 mètres).

Cette chaîne ne détache, dans les Basses-Alpes, que des contreforts très courts et peu importants. Le principal d'entre eux circonscrit la vallée du Parpaillon et s'élève, au Grand Bérard, à 3,047 mètres.

Cette chaîne constitue une des principales zones de terrains à restaurer. C'est là que les premiers grands travaux de restauration ont été commencés : torrents des Sanières, du Bourget, de Faucon, de Riou-Bourdoux.

§ 3. LES ALPES DE PROVENCE.

Cette chaîne couvre l'ensemble des Basses-Alpes de nombreuses et importantes ramifications et se subdivise encore par de nombreux chaînons dans les Alpes-Maritimes, le Var et les Bouches-du-Rhône.

Les Alpes de Provence se détachent des grandes Alpes, dans la direction du nord-est au sud-ouest, au Rocher des Trois-Évêques, et n'envoient sur leurs flancs que de courts chaînons jusqu'à la Tête de Sanguinières (2,793 mètres), après avoir formé sur tout cet espace la limite des Basses-Alpes et des Alpes-Maritimes, comme aussi le faîte des bassins de l'Ubaye et de la Tinée, affluent du Var. On y remarque :

1° Col de Pelouse ou de Granges-Communes (2,512 mètres);
Bonette (2,864 mètres);
Col de la Moutière (2,446 mètres);

2° Un court chaînon, orienté du sud au nord, les crêtes d'Abriès, se terminant par un immense éperon, le Cuguret (3,039 mètres), entre les bassins de l'Ubayette et d'Abriès;

3° Un chaînon, orienté de l'est à l'ouest, formant la limite Nord du bassin du Bachelard dans la vallée de l'Ubaye et se terminant aux escarpements d'Aulan (2,687 mètres), au sud de la ville de Barcelonnette.

Les Alpes de Provence détachent, à la Tête de Sanguinières, une chaîne importante dans les Alpes-Maritimes; elles ne se subdivisent ensuite qu'au sommet de Garret (2,624 mètres), après avoir séparé les bassins de l'Ubaye et du Var et formé la limite des Basses-Alpes et des Alpes-Maritimes. Dans cette partie, on remarque le col de la Cayolle (2,352 mètres).

Du sommet de Garret part la chaîne toujours très élevée qui pourrait porter le nom plus spécial de basses Alpes, car elle couvre

toute la partie centrale du département en se ramifiant entre les
affluents de presque toutes les rivières importantes qui le parcou-
rent : l'Ubaye, la Blanche, la Sasse, le Vanson, la Bléone, l'Asse
et le Verdon. Cette chaîne, orientée d'abord de l'est à l'ouest, sépare les bassins du Verdon et de l'Ubaye jusqu'au sommet des
Trois-Évêchés (2,815 mètres). C'est le nœud orographique le plus
important du département, formé de hautes crêtes dénudées à
grands escarpements. C'est aussi une des grandes zones de terrains
à restaurer autour des sources du Verdon et du Bachelard. Dans
cette partie, on remarque :

Le Pellat (3,053 mètres);
Le Cimet (3,022 mètres);
Le col de Valgelaye, traversé par une route (2,250 mètres); le
contrefort des Siolanes (2,910 mètres), qui sépare au nord, dans
la vallée de l'Ubaye, les bassins du Bachelard et du Riou-Grand.

Au sommet des Trois-Évêchés, la chaîne proprement dite des
basses Alpes se sépare en deux grands rameaux :

1° Une grande chaîne, dans la direction Nord-Ouest, continue la
limite du bassin de l'Ubaye, qu'elle sépare des bassins de la Bléone et
de la Blanche. C'est encore une zone de hautes montagnes, escarpées et dénudées, comprenant de grandes surfaces à restaurer sur
leurs flancs Sud et Ouest. On y remarque :

Le Puy de la Sèche (2,927 mètres), au nord duquel se trouve
le seul glacier des Alpes de Provence;
Les montagnes de la Blanche (2,713 mètres);
Le sommet de Dormeilloux (2,510 mètres), qui domine le con-
fluent de l'Ubaye et de la Durance;
Divers contreforts entre les affluents de la Bléone, et parmi eux
le chaînon qui sépare les bassins du Bès et de la Bléone (col du
Labouret à 1,041 mètres et Blayeul à 2,190 mètres).

Des montagnes de la Blanche part une ligne de hauteurs, déprimée au col de Couloubroux (1,349 mètres), entre les bassins de la Bléone et de la Blanche, puis se relevant à Chauvet (2,031 mètres), après avoir émis au sud, dans la vallée du Bès, deux courts contreforts élevés de 1,950 mètres. Cette ligne de faîte se subdivise ensuite :

Au nord, par des crêtes ramifiées et très découpées entre la Blanche, la Durance et la Sasse (Grande-Gautière à 1,825 mètres); au sud, par un massif dont les sommets principaux s'élèvent aux Monges, à 2,116 mètres, et à Nibles, à 1,908 mètres. Ce massif s'épanouit ensuite dans plusieurs directions : à l'ouest, entre la Sasse et le Vanson, par la suite des barres rocheuses de Costebelle (1,921 mètres), de Gâche (1,358 mètres), et de la Baume, au-dessus de Sisteron (1,149 mètres); au sud-ouest, par les crêtes entre le Vanson et les Duyes (de 1,700 à 1,300 mètres); au sud, par les hauteurs entre les Duyes et le Bès (Siron à 1,653 mètres); à l'ouest, par quelques contreforts moins importants sur la vallée du Bès.

Ces chaînes secondaires, à disposition étoilée, entre la Blanche, la Durance et la Bléone, forment une région moins élevée, mais à relief toujours abrupt et très découpé. Les véritables grands torrents y sont en petit nombre. Parmi eux, l'énorme torrent de Chabert, près de Bayons, suffirait à rendre torrentiel le régime de la rivière de la Sasse, où il déverse ses déjections. Toutefois, en raison de l'état de dénudation où cette région se trouve et des milliers de ravins qui la sillonnent, elle comprend de nombreux et importants groupes de terrains à restaurer.

2° Le second rameau de la chaîne des Basses-Alpes, orienté d'abord du nord au sud, puis du nord-est au sud-ouest, part aussi du sommet des Trois-Évêchés et sépare le bassin de la Bléone des bassins du Verdon et de l'Asse. On y remarque :

Caduc, à 2,586 mètres;
Mourrens, à 2,579 mètres;

Le Cheval-Blanc, 2,323 mètres;
Col de la Cine, à 1,510 mètres;
Pic de Couar, à 1,989 mètres;
Barre des Dourbes, à 1,751 mètres;
Cousson, à 1,616 mètres.

De ce rameau se détachent deux crêtes importantes : à l'est, la ligne de faîte entre le Verdon et son affluent l'Issole. On y remarque :

Cordœuil, à 2,117 mètres;
A l'ouest, une très longue chaîne, orientée vers le sud jusque vers Castellane, puis en forme de grand cercle, en séparant toujours les bassins du Verdon et de l'Asse. Il faut y citer :
La Sapée, à 1,772 mètres;
Chalvet, à 1,630 mètres;
Col de Saint-André, à 1,000 mètres;
Cheiron, à 1,630 mètres;
Col de Lèque, à 1,149 mètres;
Mourre de Chanier, à 1,951 mètres;
Chiran et Serre de Moudenier, à 1,750 mètres.

Un seul contrefort assez étendu entre l'Asse et son affluent l'Estoublaisse. Ce contrefort se termine à Beynes (1,602 mètres).

La région correspondant à ces divers chaînons du second rameau de la chaîne des Basses-Alpes paraît la plus dénudée et la plus désolée du département. Formée, dans l'ensemble, de montagnes escarpées, elle présente dans la partie centrale les dômes arides du Cheval-Blanc et des crêtes qui lui succèdent entre l'Asse et le Verdon. Cette région comprend, au nord et au centre, de vastes zones de terrains à restaurer; au sud, au contraire, ces terrains ne forment que des groupes moins importants et disposés très irrégulièrement.

Les Alpes de Provence, à partir du sommet de Garret, ont la

direction générale Sud jusqu'à la limite du département et séparent les bassins du Var et du Verdon. On y remarque :

Les Grandes Tours du lac d'Allos (2,745 mètres);
L'Encombrette (2,682 mètres);
Col des Champs (2,149 mètres);
Frema (2,791 mètres);
Grand Coyer (2,709 mètres);
Colle Saint-Michel (1,540 mètres);
Pic de Rent (1,977 mètres);
Chamatte (1,830 mètres);
Col de Toutes-Aures (1,124 mètres);
La Bernade (1,943 mètres);
Teillon (1,824 mètres);
La Faye (1,702 mètres).

Jusqu'au Grand Coyer, c'est toujours la haute montagne à grands escarpements. De la Colle Saint-Michel au Col de Toutes-Aures, ce sont des montagnes de hauteur moyenne à relief moins accusé. Au delà, dans la partie Sud de l'arrondissement de Castellane, si l'altitude est moins élevée, le relief est très accidenté. Le Verdon y présente des « clues » qui sont citées comme les plus remarquables des Alpes françaises.

Cette partie des Alpes de Provence a dans le département de nombreux et courts contreforts vers le Verdon et vers le Var. Le plus élevé d'entre eux, orienté du nord au sud, se détache vers le Grand Coyer. Il forme un moment la limite des deux départements des Basses-Alpes et des Alpes-Maritimes, en séparant le bassin du Var du bassin de son affluent le Collomp. Ce contrefort a comme principaux sommets : le Fonciao, 2,500 mètres; le Mourre-Froid, 1,977 mètres. Un autre chaînon, orienté de l'ouest à l'est, se détache à la Bernade et forme aussi un moment la limite avec le département des Alpes-Maritimes, en séparant le bassin du Var du bassin de son affluent l'Esteron. On y remarque : le Picogu, à

1,835 mètres, et la montagne de Gourdan, à 1,497 mètres, au sud de Puget-Théniers. Toute la région correspondant à la partie des Alpes de Provence située entre les sources du Verdon et les environs de Castellane comprend de vastes zones de terrains à restaurer.

Art. 4. — Plateau de Riez et Valensole.

Dans la partie Sud du département, un plateau, formé de dépôts meubles miocènes, affecte la forme d'un immense parallélo-gramme limité sur trois côtés par les vallées de la Bléone, de la Durance et du Verdon. Ce plateau, élevé de 200 mètres environ sur les vallées qui le limitent, est coupé en deux grandes parties par la vallée de l'Asse. Il est aussi profondément creusé par des vallées d'érosion qui ne lui laissent le véritable caractère de plateau qu'au sud du cours de l'Asse. Les berges de toutes ces vallées présentent jusqu'à la bordure du plateau une série de groupes de terrains à restaurer, sous les formes qu'elles ont elles-mêmes de bandes étroites et allongées.

CHAPITRE II.

CONSTITUTION GÉOLOGIQUE DU SOL.

ART. 1er. — Indications générales.

Les formes du relief décrit dans le chapitre précédent et les modifications qu'elles subissent encore de nos jours, tout particulièrement par les actions torrentielles, sont dues principalement à la constitution géologique du sol.

Les grands mouvements orogéniques ont d'abord déterminé les principales lignes stratigraphiques de la contrée, chaînes de montagnes et directions générales des vallées. C'est ensuite d'après la nature et la constitution des assises géologiques que l'action des eaux, toute-puissante sous diverses formes, a été souvent prépondérante pour donner sa configuration actuelle à la région. De nos jours, c'est encore d'après les dispositions variées des mêmes éléments que le climat, les eaux et l'homme peuvent intervenir d'une façon marquée comme agents à titres divers de l'action torrentielle.

Indépendamment de mouvements antérieurs, plutôt secondaires et moins apparents en raison des affaissements et des dépôts qui les ont suivis, les grands soulèvements dans les Basses-Alpes datent du début de la période éocène. Le système de montagnes du Viso et de la partie Nord-Est du département se rapporte à cette période. Toute une série de plissements de terrains a été formée à ce moment. Les mouvements des autres périodes tertiaires ont déterminé des plissements plus nombreux encore, concordants ou discordants avec les premiers. Aux derniers grands soulèvements, postérieurs à la période miocène, se rattache le système de mon-

tagnes du Ventoux et de Lure, orienté de l'est à l'ouest dans la
partie occidentale du département.

Les grandes fractures dues aux soulèvements n'ont pas fait
apparaître les terrains primitifs dans la partie de la chaîne principale des Alpes qui limite le département, alors qu'ils en forment
généralement le faîte plus au sud et plus au nord. Par contre, la
série presque complète des terrains sédimentaires se développe
dans les Basses-Alpes, soit par masses occupant les dômes de soulèvements, soit par tranches souvent parallèles, placées à des
niveaux différents dans les suites de vallées qui correspondent à
des failles, à des plissements ou à des érosions. Ces divers terrains
seront examinés successivement dans l'article ci-après, en commen-
çant par les formations les plus anciennes.

Art. 2. — Formations géologiques.

§ 1. SCHISTES CRISTALLINS.

Ces terrains, rattachés aux premiers dépôts sédimentaires,
n'occupent que des surfaces restreintes, près des sources de
l'Ubaye, au faîte de la chaîne principale des Alpes. Ils sont repré-
sentés principalement par des micaschistes et des talcschistes, avec
des intercalations de serpentine (marbre de Maurin). Ces terrains,
de nature peu affouillable, situés à de grandes altitudes, n'ont pas
été compris dans le périmètre de restauration de l'Ubaye.

§ 2. TERRAINS CARBONIFÈRES.

Les assises de cette formation ne se rencontrent que sur un seul
point du département, à Barles. Elles sont composées de schistes
noirs, de grès micacés gris et de schistes argileux avec couches
intercalées et sans épaisseur d'anthracite. Ces terrains sont facile-

ment désagrégeables, mais ils n'ont que des affleurements peu
étendus.

§ 3. TERRAINS TRIASIQUES.

1° *Grès bigarré.* — Cet étage, formé de grès à taches ocreuses,
de quartzites et de poudingues quartzeux multicolores, se présente
sur de faibles surfaces à la suite des schistes cristallins de la haute
Ubaye et des grès houillers de Barles. Il apparaît aussi en recou-
vrement près de Nibles. Les terrains de cette formation sont très
résistants et restent en dehors des zones à restaurer.

2° *Muschelkalk.* — Cet étage accompagne le grès bigarré dans
l'Ubaye et à Barles. Il apparaît aussi près de Castellane et de
Beynes, toujours par des calcaires gris ou noirâtres à veines de
carbonate de chaux cristallisé. Ces calcaires, très durs, ne sont pas
affouillables.

3° *Marnes irisées.* — Cette formation, répartie sur un très grand
nombre de points du département, affleure généralement par
bandes assez étendues correspondant aux principales lignes stratigraphiques de la région. Elle comprend dans la haute Ubaye des
schistes calcaréo-talqueux, gris, lustrés; ailleurs, des marnes jaunes,
rouges, vertes, bleuâtres, bronzées et noirâtres. Les marnes irisées
sont presque toujours accompagnées de dépôts très importants de
gypse et, çà et là, de substances minérales très diverses : sulfure
de plomb argentifère à Saint-Geniez, Auribeau, Piégut et Curbans;
fer oxydulé magnétique et ardoises à Barles; anthracite à Saint-
Ours et à Fouillouse; anhydrite à Saint-Geniez; sources salées à
Gévaudan, Tartonne, Castellet-les-Sausses et Lambert. Les terrains, très affouillables, constitués par les marnes bigarrées et
par les gypses qui les accompagnent, sont rattachés aux périmètres de restauration quand ils occupent des surfaces un peu
étendues.

§ 4. TERRAINS JURASSIQUES.

1° *Infralias* (rhétien). — Les couches de cette formation accompagnent presque toujours les marnes irisées et marquent un horizon géologique bien déterminé par l'abondance de l'*Avicula contorta*. Elles sont composées d'une suite de calcaires gréseux violacés, de marnes, de schistes noirs ou verts, de bancs d'argile verte, de calcaires jaunâtres et quelquefois de calcaires dolomitiques. Les affleurements de ces divers terrains, disposés généralement en rubans étroits, sont solides ou de peu d'épaisseur dans leurs parties affouillables. Ils ne figurent aussi que par des surfaces peu importantes dans les zones à restaurer.

2° *Lias.* — D'abord formé de calcaires à gryphées noirs et de calcaires compacts, puis de calcaires bleuâtres et de marnes grises ou bleuâtres, coupées de bancs calcaires, le lias présente, vers sa partie supérieure, des assises puissantes de schistes noirs affouillables. Les derniers affleurements de ces diverses couches sont très importants et compris en grande partie dans les périmètres de restauration (Barles, Saint-Geniez, Authon, Digne, Castellane, Blayeul, bassins de l'Ubaye, de la Blanche, de la Sasse, du Vanson, de la haute Bléone, etc.).

3° *Bajocien et bathonien.* — Ces étages se distinguent souvent fort peu en raison de la nature des roches qui les composent et des dislocations qu'ils ont subies. Dans le sud du département, ils sont formés de bancs dolomitiques et de calcaires compacts. Plus au nord, ils sont composés de couches successives de marnes et de calcaires marneux renfermant des nodules de sulfure de fer.

A la partie supérieure de ces formations, les marnes noires bathoniennes sont bien différenciées et présentent de grandes surfaces de terrains à restaurer (la Motte-du-Caire, Labouret,

Digne, Castillon, Saint-Julien, Norante, Chaudon, le Poil, Castellane).

4° *Callovien et oxfordien*. — Ces deux étages présentent à peu
près les mêmes caractères et sont surtout remarquables par les
couches très puissantes (1,000 mètres d'épaisseur) de marnes
noires qui donnent un facies tout spécial à de très grandes surfaces
à restaurer (environs de Barcelonnette, la Motte-du-Caire, Cla-
mensane, Bayons, sources de la Blanche, bassin de la haute
Bléone, Bédéjun, Chaudon, Norante, Ubraye, Saint-Julien, De-
mandolx, Castellane).

L'oxfordien supérieur présente des calcaires formant des crêtes
puissantes au-dessus des schistes ou d'une succession de couches
calcaires et schisteuses (Barre des Dourbes).

5° *Séquanien, kimméridgien et portlandien*. — Ces formations sont
encore peu différenciées et constituent une suite de calcaires massifs grisâtres ou blancs et de pseudo-brèches. Elles sont remarquables
par les grands escarpements qu'elles forment à Siolane, dans les
bassins de la Sasse, du Vanson et surtout dans le sud du département (roc de Castellane, clues du Verdon, de l'Estoublaisse et de
l'Asse). Ces terrains ne sont compris qu'exceptionnellement dans
les périmètres (série de Trévans, dans le périmètre de l'Asse
inférieure).

§ 5. TERRAIN CRÉTACÉ.

1° *Horizon de berrias, valanginien et hauterivien* (néocomien). —
Ces étages, d'abord formés de calcaires peu marneux, présentent
une succession de couches de plus en plus marneuses contenant
par places des grains verts de glauconie. On les rencontre sur les
versants de la montagne de Lure et du Lubéron, à Fours, La
Motte-du-Caire, Reynier, Saint-Geniez, Sisteron, Feissal, Esclangon,
Seyne, Mariaud, Blégiers, Tartonne; mais ces différentes assises

sont surtout développées dans l'arrondissement de Castellane, où leurs affleurements sont très importants et font généralement partie des terrains à restaurer.

2° *Urgonien.* — Cet étage ne paraît réellement que dans la montagne de Lure et le Lubéron par des couches de calcaires compacts blancs, souvent cristallins.

3° *Barrémien et aptien inférieur.* — Les couches de ces formations ont des affleurements importants dans le sud du département et présentent encore une série de bancs de calcaires marneux séparés par des lits d'argile. Ces terrains, très disloqués, dénudés à leur surface, sont en grande partie compris dans les terrains à restaurer.

4° *Marnes aptiennes.* — Ces marnes présentent le même aspect que les marnes callovo-oxfordiennes, mais elles atteignent au plus 150 mètres de puissance et sont dès lors bien moins importantes au point de vue torrentiel. Elles n'en sont pas moins complètement en proie aux ravins et presque entièrement comprises dans les terrains à restaurer sur leurs très nombreux affleurements (Ubraye, Vergons, Angles, la Mure, Saint-André, Moriez, Saint-Lions, Saint-Jacques, Senez, Blieux, Tartonne, Lambruisse, Thorame-Basse, Beauvezer, Villars-Colmars, Allos, Blégiers, Prads, Mariaud, Seyne, Esparron-la-Bâtie, Feissal, Vilhosc, Peipin).

5° *Albien* (gault). — Cette formation est peu développée dans le département; elle n'a des affleurements un peu importants qu'à Vilhosc, Aubignosc et Châteauneuf-Val-Saint-Donat.

Dans l'arrondissement de Castellane, elle est intimement liée avec les assises du cénomanien. Ce sont des grès glauconieux et des marnes calcaires grisâtres. Les couches marneuses sont très affouillables, mais elles sont peu puissantes et disposées seulement sur des coteaux où l'action torrentielle est limitée.

a.

6° *Cénomanien*. — Ce sont encore des marnes et des calcaires
marneux gris ou noirâtres, dont les bancs peu puissants n'ont plus
entre eux des lits argileux, mais de minces couches de grès calcaires jaunâtres. Ces terrains comprennent d'assez grandes surfaces
dans les périmètres de la Haute-Bléone, de l'Asse supérieure, du
Verdon supérieur, du Verdon moyen et du Var-Colomp.

7° *Crétacé supérieur* (turonien, sénonien et danien). — A la
base, cette formation est surtout constituée par des calcaires marneux bleuâtres, puis gris clair et enfin blanchâtres. Elle est développée sur d'immenses surfaces dans l'est et dans la partie centrale
du département où ses calcaires crayeux forment les dômes, si
caractéristiques par leur nudité et leur couleur blanche, qui dé-
pendent des montagnes de Boule, du Cheval-Blanc, de Cordœuil,
du Puy-de-Rent, de Vergons. Ces montagnes, aujourd'hui arides
et ravinées, sont presque entièrement à restaurer.

Les mêmes formations, avec des caractères un peu différents, se
retrouvent par lambeaux un peu plus au sud de ces vastes zones,
à Quinson, à Beynes, Châteauneuf-les-Moustiers, Blieux, Senez,
Taulanne, Ubraye, Soleilhas, Robion et Rougon.

§ 6. TERRAINS TERTIAIRES.

1° *Éocène*. — Cette formation a un très grand développement à
l'est du méridien de Seyne. Elle constitue les plus hautes crêtes des
montagnes du nord-ouest du département et se prolonge au sud
par les affleurements étendus des grès d'Annot, de Barrême et de
Senez. On la divise en deux étages principaux : le nummulitique
et le flysch.

a. *Nummulitique*. — Les terrains qui le composent présentent des
caractères variables. On y distingue surtout par leur puissance :
des calcaires gréseux, bruns et très durs; des calcaires marneux

bleuâtres ou blanchâtres; des marnes argileuses et des grès grossiers. Par places, on y rencontre des brèches, des conglomérats et des poudingues. La plupart de ces terrains occupent des situations élevées sur des pentes rapides et dénudées.

b. *Flysch.* — Groupe de schistes argilo-calcaires, de grès schisteux, de calcaires argilo-gréseux, de marnes bigarrées et de grès durs. Cet ensemble atteint jusqu'à 2,000 mètres de puissance dans les montagnes de l'Ubaye. Il forme de grands escarpements de grès suivis de clappes, puis des pentes schisteuses et marneuses plus ou moins affouillables. L'état superficiel où se trouvent aujourd'hui ces terrains, aussi bien que leur situation au sommet des bassins de réception des principaux torrents de la région, les classent dans les zones à restaurer.

2° *Oligocène* (tongrien et aquitanien). — Cette formation est représentée par divers dépôts marins ou lacustres presque toujours associés et de nature minéralogique variée suivant les localités : calcaires blancs, argilolithes rouges, grès rouges, conglomérats. Ces terrains sont assez développés sur la rive droite de la Durance et à Barrême, Senez, Taulanne, Castellane, Éoulx, Saint-Geniez, Esparron-la-Bâtie, la Motte-du-Caire, Feissal, Esclangon, Ainac, Saint-Estève, Saint-Symphorien. De nature généralement affouillable, ils comprennent dans ces localités d'assez grandes surfaces dans les périmètres. A Éoulx, le grand ravin de Rayau, en activité, est creusé dans ces terrains et charrie les bois silicifiés qu'ils contiennent.

3° *Miocène* (burdigalien, tortonien, helvétien et pontien). — Les terrains miocènes occupent de très grandes surfaces au centre et au sud du département. Ils sont aussi constitués par des dépôts marins et lacustres. Ce sont successivement des conglomérats avec galets à patine verte, des molasses calcaires, des grès et

marnes à faune marine, des calcaires et marnes lacustres. Ces
divers dépôts se montrent à Sainte-Tulle, Ganagobie, Peyruis,
Sourribes, Beaudument, Saint-Symphorien, Mélan, Auribeau,
Lambert, Tanaron, Esclangon, Courbons, Champtercier, Gaubert,
Mézel, Moustiers, Taulanne. Ils précèdent immédiatement l'immense formation des poudingues à galets impressionnés (300 mètres de puissance), qui constitue le grand plateau de Riez, l'ensemble du bassin de la basse Bléone et le bord oriental du bassin
du Vanson.

Les terrains miocènes, très affouillables et généralement placés
près des zones cultivées, sont, suivant leurs situations, compris
dans les périmètres : 1° pour des surfaces assez importantes, sur
les bords des vallées d'érosion du plateau de Riez; 2° pour des
surfaces relativement plus étendues, dans les vallées des Duyes et
du Vanson.

4° *Pliocène.* — Il ne constitue dans les principales vallées du
département que quelques dépôts de cailloutis disposés par lambeaux à un niveau relativement peu élevé au-dessus du niveau
actuel des eaux : Les Mées, Peipin, Volonne et environs de Digne.

§ 7.   QUATERNAIRE.

1° *Alluvions anciennes.* — Les plus anciens de ces dépôts sont
d'origine fluvio-glaciaire. Ils sont principalement formés de sables,
de boues et de cailloutis de grosseur variable comprenant jusqu'à
des blocs. On les rencontre épars, en lambeaux, dans les vallées
de la Blanche, de la Sasse, de l'Asse, du Verdon et du Colomp.
Dans la vallée même de la Durance, ils forment trois terrasses bien
distinctes comprenant des surfaces assez étendues.

Les alluvions anciennes plus récentes sont d'origine glaciaire.
On les rencontre généralement par lambeaux à une certaine hauteur dans les vallées de la partie Nord du département. Ces dépôts,

très nombreux dans les vallées de l'Ubaye, de la Blanche, de la
Sasse et du haut Verdon, ont souvent une grande importance au
point de vue torrentiel. Ce sont, en effet, des boues sableuses sans
consistance, renfermant pêle-mêle des matériaux de toutes grosseurs. Dans la plupart des bassins de torrents de Barcelonnette,
ils apparaissent en taches blanches au-dessus des terres noires
jurassiques.

Nota. — Les renseignements géologiques qui précèdent proviennent en
grande partie : 1° des cartes géologiques de la France avec notices explicatives
(n°ˢ 212 et 224); 2° de l'esquisse géologique du département des Basses-
Alpes par E. Goret, inspecteur des eaux et forêts (Digne, 1884, imprimerie
Barbaroux, Chaspoul et Constans).

2° *Alluvions modernes.* — Ces dépôts occupent le fond des vallées
et se présentent sous divers aspects. Les dépôts de rivières sont
formés de boues argileuses et de cailloux de nature minéralogique,
variable suivant les vallées. Les dépôts de torrents forment des cônes
de déjection occupant des surfaces importantes, tout particulièrement dans les vallées de l'Ubaye et du haut Verdon.

Art. 3. — **Nature, dispositions et état des couches
géologiques.**

§ 1. NATURE MINÉRALOGIQUE.

Le nombre des assises géologiques de la région indique la variété
des roches que l'on doit rencontrer sous les aspects les plus divers
et dans les conditions les plus différentes. De leur nature minéralogique dépend en premier lieu leur degré de résistance aux actions
du climat, de l'air et des eaux.

La plupart des grès, à l'exception de certaines molasses, sont
très résistants, quelle que soit la nature du ciment, calcaire ou

siliceux, qui réunit leurs éléments. Ils forment aussi de grands escarpements, au-dessous desquels sont généralement des clappes formées principalement de blocs. La chute de ces matériaux est due à plusieurs causes : stratifications secondaires non parallèles à la direction des couches; dislocations antérieures; gel et dégel de l'eau qui pénètre entre les plans de stratification et dans les fissures dues aux soulèvements.

Lorsque les débris de ces roches ne peuvent s'entasser et sont entraînés par les torrents, ils s'usent souvent rapidement par les frottements et forment la masse principale des sables charriés par les cours d'eau.

Les calcaires compacts, massifs, pseudo-cristallins ou dolomitiques, souvent disposés par assises très puissantes sans stratification bien apparente, sont plus résistants encore. Leurs escarpements sont dès lors plus verticaux et surplombent même souvent les assises sous-jacentes plus affouillables. Au-dessous de ces escarpements, les clappes se présentent encore, mais moins fréquemment. Les débris de ces calcaires entraînés par les eaux s'usent surtout sur leurs angles et forment les cailloux lenticulaires ou sub-globuleux les plus durs de la plupart des rivières du département.

Les brèches et les conglomérats sont aussi très résistants, mais ces deux roches, qui sont éparses dans de nombreuses formations, n'occupent que des aires peu étendues.

Les calcaires crayeux blanchâtres de la formation crétacée, souvent brisés entre les nombreux plans de stratification qui les divisent, présentent encore de nombreuses raies et des fissures peu perceptibles à directions variables. D'autre part, ils sont sujets au délitement, en raison de la marne qu'ils contiennent toujours en assez forte proportion. En se désagrégeant, les calcaires crayeux se fragmentent rapidement et donnent lieu à des éboulis ou à des dépôts qui ressemblent à des accumulations de matériaux d'empierrement.

Les roches marno-calcaires, d'une couleur généralement noir bleuâtre, sont également sujettes au délitement, mais leur désagrégation rapide paraît surtout en relation avec l'épaisseur des bancs qui les constituent et des lits d'argile qui sont interposés entre leurs couches. Les matériaux provenant de ces roches sont rapidement réduits à un petit volume ou à l'état de boues.

Les schistes présentent les caractères les plus divers, depuis les schistes cristallins ou phylliteux peu attaquables, jusqu'aux schistes marneux et argileux facilement décomposables. Ils se désagrègent plus ou moins facilement en paillettes, en raison même de leur structure en feuillets parallèles entre eux et souvent transversaux aux plans de stratification.

Les marnes proprement dites sont surtout noirâtres ou bleuâtres et quelquefois bigarrées; elles sont plus ou moins argileuses et presque toujours facilement décomposables. Les marnes ou « terres noires » oxfordiennes, calloviennes et aptiennes se désagrègent en feuillets et en petits cubes, puis rapidement en boues. Ce sont les terrains où le décapement superficiel a la plus grande intensité.

Les galets des poudingues épars dans les diverses formations sont ordinairement fortement cimentés. Cependant les poudingues des immenses dépôts de Riez ne présentent ce caractère que par places circonscrites. L'action des eaux sur les pentes de ces terrains est aussi très active et y amène rapidement la formation des ravins.

§ 2. PUISSANCE, SUPERPOSITION.

La désagrégation des couches de terrains dépend aussi de la puissance des diverses assises géologiques et de l'ordre de superposition des couches de résistance différente.

La grande épaisseur d'assises facilement désagrégeables, les terres noires, par exemple, facilitent les érosions. Au contraire, l'intercalation de nombreux bancs rocheux au milieu de couches affouillables s'y oppose en produisant autant d'abris et en amenant la formation de cascades qui annihilent la force vive des eaux des ravins.

L'ordre de superposition est souvent l'origine du glissement des couches solides sur les lits argileux ou de l'éboulement des mêmes couches par l'érosion des terrains affouillables sous-jacents.

§ 3. INCLINAISON ET ORIENTATION.

Les divers soulèvements qui ont affecté la région ont donné lieu aux dispositions les plus variées des assises géologiques. Elles présentent toutes les inclinaisons et toutes les orientations, quelquefois des renversements. Elles ne forment pas de séries continues. Certains dépôts sont à stratification discordante avec les couches plus anciennes sur lesquelles elles reposent.

Des séries de plis isoclinaux ou anticlinaux font quelquefois affleurer plusieurs fois les mêmes couches sur un même versant dans des situations toutes différentes.

Il résulte de ces dispositions variées que les couches d'un même horizon présentent quelquefois des résistances fort inégales aux érosions. On ne peut donner à ce sujet aucune indication très précise. Dans le cas, qui se présente souvent dans les périmètres, de l'alternance de couches à consistances inégales, on peut dire, d'une façon très générale, que la résistance paraît maxima lorsque l'inclinaison est normale aux versants et que l'orientation leur est parallèle. Dans le même cas, la résistance paraît être minima lorsque les couches ont l'inclinaison et l'orientation du plan passant par la ligne de plus grande pente des versants et normal à leur surface.

§ 4. DISLOCATION DES COUCHES.

Les actions qui peuvent encore modifier actuellement le relief du sol sont aussi très variables avec l'état des couches. Certaines assises sont à peine ondulées et peu fragmentées; d'autres, par

suite de dislocations, d'étirements ou d'écrasements, sont vérita-
blement brisées et facilement désagrégeables, malgré leur nature
minéralogique. C'est ce qui se présente surtout pour les roches
calcaires ou marno-calcaires disposées en bancs peu épais au milieu
de lits argileux.

CHAPITRE III.

LE CLIMAT, L'AIR ET LES EAUX.

ART. 1ᵉʳ. — Le climat.

Les Basses-Alpes ont d'une façon très générale le climat spécial au sud-est de la France : le climat provençal.

Le ciel est sans nuages les trois quarts de l'année. L'atmosphère sèche, limpide, laisse même en hiver une très grande intensité à l'action solaire et au rayonnement nocturne. Il en résulte que la neige ne peut persister sur les versants Sud qu'aux grandes altitudes et que les écarts de température entre le jour et la nuit deviennent des plus marqués.

Les sécheresses prolongées sont fréquentes en été et en hiver. Très souvent les précipitations atmosphériques sont brusquement interrompues, surtout dans la partie Sud du département, par le vent desséchant du nord-ouest, connu comme en basse Provence sous le nom de *mistral*.

Par contre, en raison de l'altitude, les températures varient rapidement depuis la zone de l'olivier, très étendue au-dessous de Digne, Sisteron, Entrevaux (entre 250 mètres et 650 mètres d'altitude), jusqu'à la zone supérieure à la végétation forestière, vers 2,500 mètres d'altitude. De même, si les pluies sont généralement violentes et réparties surtout en deux véritables périodes pluvieuses, l'une d'assez longue durée au printemps, l'autre plus courte, mais plus importante, en automne, leur intensité s'accroît rapidement avec l'altitude. Ce dernier caractère est particulièrement prononcé pour les orages locaux, violents, répétés à courts intervalles.

Ainsi, pour deux observations faites à Barcelonnette et rapportées dans les notes de l'*Étude sur les travaux de reboisement et de gazonnement des montagnes*, par Demontzey, on a eu les résultats suivants :

Première observation, du 13 août 1876, à Faucon, pour un orage d'une durée de une heure et demie :

A 1,200 mètres d'altitude.................... 12^{mm}6 d'eau.
A 1,800 mètres d'altitude.................... 15   4
A 2,300 mètres d'altitude.................... 42   2

Deuxième observation du 8 août 1876, aux Sanières :

A 1,629 mètres d'altitude.................... 6^{mm}2 d'eau.
A 1,959 mètres d'altitude.................... 24   3
A 2,230 mètres d'altitude.................... 36   4

Pour la grêle, qui accompagne presque toujours les violents orages d'été, on peut dire aussi que son abondance paraît être en raison directe de l'altitude.

Suivant les hauteurs et les directions des chaînes de montagnes, leur isolement et leur groupement, suivant l'exposition, l'inclinaison et les situations locales si variées des versants, suivant l'état de dénudation de ces versants, les pluies et les orages sont plus ou moins fréquents, d'une durée et d'une intensité plus ou moins grandes. Rien n'est plus variable, par exemple, que la quantité de pluie annuelle qui tombe suivant ces diverses conditions. Cette quantité varie dans les principales vallées des Basses-Alpes entre 440 millimètres et 900 millimètres.

A Mélan, au centre du département, à l'altitude de 1,200 mètres, on a relevé dans l'année 1899 : 872 millimètres pour 272 heures de pluie ou de neige réparties en 46 jours. Pour le seul orage du 10 juillet, en deux heures, il est tombé 65 millimètres d'eau.

Quelquefois les orages ont, dans la région, le caractère de véritables trombes : « En vingt minutes, les pluviomètres indiquent une lame de 5 à 6 centimètres d'épaisseur. » (Étude précédemment citée de Demontzey.)

Art. 2. — L'air.

L'air agit directement, mais peu sensiblement, sur les roches, par des actions chimiques, par les variations de sa température, par les changements de son état hygrométrique et par les vents.

C'est ainsi que beaucoup de calcaires et surtout de calcaires marneux se délitent par leurs surfaces en contact avec l'atmosphère.

Par la chute de pierres et de blocs, certaines zones de montagnes de la région deviennent dangereuses à traverser au moment des bourrasques si violentes quelquefois aux grandes altitudes. Ailleurs, ce ne sont que des poussières, des sables qui sont enlevés ou détachés par l'air en mouvement. Dans certaines terres noires, toujours plus ou moins recouvertes de débris effrités de paillettes schisteuses, la chute constante de ces éléments devient plus sensible les jours de vent. On voit ces menus débris s'accumuler en petits cônes au pied des pentes et on perçoit un bruissement particulier dû au mouvement continu de descente de cette masse de petits matériaux.

Les variations de température avec congélation amènent la rupture des roches renfermant de l'eau ou le soulèvement des terrains meubles. Ces variations, si fréquentes en haute montagne, sont la cause de chutes nombreuses de pierres sur les versants élevés, de « canonnades ».

Les hautes températures d'été ont une action semblable à celle du froid sur le délitement des calcaires marneux. Des quartiers compacts de roche marneuse du sous-sol, détachés à la mine au printemps pour l'ouverture de chemins et ayant presque l'aspect de pierres de construction, sont réduits à l'état de menus morceaux et de paillettes à l'automne suivant.

Dans tous les terrains dénommés d'une façon générale « terres noires », cette action de délitement s'effectue sur toute la surface du sol. Les vents et les pluies viennent ensuite enlever les parties délitées, et l'action de l'air peut ainsi se continuer de proche en proche, produisant un décapement général annuel très sensible. Les reboiseurs ont à tenir particulièrement compte de ces faits, lorsqu'il s'agit surtout de travaux de correction dans des ravins où le décapement du sol mettrait à découvert, en peu d'années, la base et les ailes des ouvrages les mieux encastrés.

Les vents chauds du sud, sans amener des phénomènes comparables à ceux du fœhn dans les Alpes centrales, occasionnent cependant fréquemment, au printemps, dans les Basses-Alpes, des fontes très rapides de neige et de véritables crues torrentielles.

Art. 3. — Les eaux.

§ 1ᵉʳ. GLACES ET NEIGES.

L'eau agit sous ses diverses formes et c'est le principal facteur des modifications du relief du sol.

A l'état de glace, elle brise les roches fissurées et elle transporte les matériaux tombés à la surface des glaciers. Cette action de transport n'a pas d'importance réelle actuellement dans la région, où l'on ne compte plus que trois glaciers peu étendus : glaciers du Longet, de Marinet et de la Blanche.

A l'état de neige, par les avalanches, l'eau balaye les versants de tout ce qui peut être entraîné. C'est ce qui arrive chaque année sur un très grand nombre de points des hauts versants dénudés des Basses-Alpes. Suivant la situation et la nature des ravins où s'accumulent les avalanches, ces amas de neige, mélangés de débris quelconques, constituent des réserves d'eau par la fonte très lente de leurs masses épaisses ou des matériaux tout préparés pour augmenter la violence des crues et des laves des torrents.

§ 2. EAUX SOUTERRAINES.

A l'état liquide, l'eau exerce son pouvoir principal, soit en dissolvant et en pénétrant plus ou moins toutes les roches pour avoir à l'intérieur du sol une action souvent manifeste jusqu'à l'extérieur, soit en agissant mécaniquement à la surface du sol pour affouiller les terrains et transporter les roches à l'état de matériaux de toutes grosseurs.

La goutte d'eau est le premier facteur de l'action torrentielle.

A l'intérieur du sol, l'eau dissout plus facilement les éléments des roches par l'acide carbonique dont elle est plus abondamment pourvue qu'à la surface; elle se creuse des canalisations souterraines, des réservoirs, ou laisse des cavités et des grottes produisant quelquefois des effondrements. Les eaux infiltrées suivent les plans inclinés à peu près imperméables des lits argileux, les détrempent ou forment des nappes à leur niveau : elles provoquent ainsi des glissements et des éboulements souvent très importants. Cette action et cette circulation souterraines de l'eau sont très manifestes dans une région montagneuse comme les Basses-Alpes.

Les glissements sont continus lorsque, à la base des plans inclinés sur lesquels ils se produisent, les matériaux apportés par les couches en mouvement peuvent être entraînés par les rivières ou par les crues des torrents. On retrouve des glissements de cette nature dans la plupart des bassins de torrents, mais les plus connus des Basses-Alpes sont ceux qui affectent une partie de la commune de Meyronnes au-dessus de l'Ubayette, ceux du Riou-Bourdoux, de Riou-Chanal et du torrent de Poche, en amont de Barcelonnette.

L'établissement en déblais de routes dans la région et même de simples chemins dans les périmètres, demande souvent des précautions spéciales pour ne pas amener des glissements plus ou moins étendus.

Dans le voisinage des nombreux amas de gypse du département,

on voit aussi la trace d'anciens et de récents effondrements ou
d'éboulements (environs de Méolans, de Saint-Geniez, de Lambert,
de Trévans, de Castellet-les-Sausses, d'Astoin).

Les dépôts de tuf, nombreux aussi, s'accroissent encore çà et là
du fait de nombreuses sources. Le plus typique existe à la limite
des communes de Trévans et de Majastres, où un véritable pont
de tuf s'est formé au-dessus de la rivière de l'Estoublaïsse par les
dépôts qui ont pu se maintenir au-dessus du niveau des crues de
cette rivière.

L'activité des eaux souterraines se manifeste encore par les
quatre sources salées déjà mentionnées de Castellet-les-Sausses, de
Gévaudan, de Tartonne et de Lambert, par les eaux et par les
efflorescences chargées en sels de magnésie de toutes les « terres
noires ». Les sources intermittentes de Colmars et des clues du
Verdon à la Palud, les avens de la montagne de Lure, comme de
très nombreuses grottes, témoignent encore de la même activité
(grottes de Méailles, Sisteron, Fours, Quinson, Mélan, la Palud,
etc.).

§ 3. EAUX SUPERFICIELLES.

A la surface des terrains dénudés, les eaux atmosphériques, à
l'état de grêle et de pluie, agissent d'abord par leur chute même,
souvent très violente dans la région où les précipitations sont très
rapides et d'une intensité toute particulière. Les terres meubles, les
marnes déjà délitées à leur surface subissent une action de véritable déchaussement et de pétrissage. C'est pour cette raison que
les orages produisent des laves, surtout lorsqu'ils sont accompagnés
de grêle et que la pluie vient seulement après la chute des grêlons.

Sur les pentes, le ruissellement agit ensuite avec une grande
intensité, sans aucun des obstacles que lui présentent les terrains
couverts de végétation. L'eau n'est plus divisée par le lacis des tiges
et des racines; elle n'est plus maintenue en partie en suspension
dans l'air par les organes aériens des végétaux et ainsi plus facilement

restituée par évaporation à l'atmosphère. Elle n'est plus absorbée
ou filtrée par les débris végétaux et l'humus qui recouvrent le sol
de la forêt; sa pénétration jusqu'au sous-sol n'est plus facilitée par la
présence de terres meubles drainées par les racines des plantes. Il
n'y a plus tout au moins cette action de filtration lente qui a pour
résultat de retarder les crues et de régulariser le débit des cours
d'eau.

Ainsi, dans les terrains dénudés de montagne, les différents
coefficients relatifs à l'évaporation, à l'infiltration et au ruissellement
des eaux pluviales sont affectés notablement au profit de l'action
torrentielle.

Le torrent débite dans un temps très court presque toute l'eau
reçue dans son bassin de réception.

Ce débit varie subitement de 1 à 100, tandis que pour les cours
d'eau à bassins boisés placés dans des situations analogues, la proportion correspondante est de 1 à 5.

Dès le sommet des pentes, les eaux forment des filets qui se
réunissent et dont l'action d'érosion s'accroît de plus en plus par la
masse et la vitesse qui augmentent avec la distance du point de
départ. Le sillon, à peine perceptible vers la crête, se creuse profondément suivant la ligne de plus grande pente; il devient ravin,
puis torrent.

Les eaux se chargent d'abord de particules terreuses et successivement de matériaux de plus en plus volumineux suivant leur
vitesse et leur densité qui croît sans cesse de tout ce qu'elles peuvent
tenir en dissolution ou en suspension. D'abord troubles, elles
deviennent limoneuses; puis ce sont de véritables laves entraînant
des blocs de toutes dimensions. L'eau ne forme souvent qu'un quart
du volume total des laves.

A chaque orage, le creusement des ravins s'accentue, provo-
quant la chute des berges avec les surfaces en bon état qui peuvent
encore s'y être maintenues : cultures, pâturages ou lambeaux de
forêts. Par ce creusement des ravins, les différentes couches du

sous-sol sont successivement coupées et portées à un niveau plus élevé dans les berges. Suivant les dispositions particulières de ces couches, il en résulte fréquemment des éboulements et des glissements qui accroissent encore l'intensité des phénomènes torrentiels par la masse des matériaux libres qu'ils ont accumulés dans le fond des ravins pendant les périodes de repos.

Le creusement des bassins de réception, très marqué toujours par les solutions de continuité des versants et des mêmes assises de roches, se montre aussi quelquefois par des sortes de témoins des niveaux antérieurs du sol. Ce sont des colonnes, souvent surmontées encore des pierres (*chapeaux*), qui ont protégé de l'action des eaux les terrains dont elles sont formées. Ces colonnes, appelées *demoiselles*, se rencontrent surtout dans les boues glaciaires.

Les matériaux arrachés à la montagne forment des cônes de déjection au débouché des torrents dans les vallées, ou sont entraînés par les eaux des rivières suivant les pentes et la largeur des vallées. Le transport de ces matériaux, qui s'effectue en masse lorsqu'il y a eu lave, donne alors lieu à des dépôts chaotiques que les eaux remanient ensuite. Les crues sans laves forment, au contraire, des dépôts où le triage des matériaux s'est effectué et où l'on retrouve successivement, de l'amont à l'aval, les blocs, les galets, les graviers, les sables et les limons.

Dans les Basses-Alpes, comme conséquence de l'état général de dénudation du sol, du nombre et de l'activité des torrents creusés dans des terrains affouillables, toutes les rivières ont un régime torrentiel très accusé. Leur débit subit les plus grandes variations; elles entraînent encore souvent jusqu'à des galets d'un décimètre cube; elles occupent presque toute la largeur des vallées et y forment des plages de graviers, de sables ou de limons; elles divaguent sur leurs lits comme les torrents sur les cônes de déjection.

Çà et là, sur le bord des eaux divisées, certains dépôts restent assez longtemps à l'abri des crues et forment des îlots en partie boisés ou broussaillés. Dans la région, on leur donne le nom d'*iscles*.

3.

On y trouve principalement le saule, le peuplier, l'aune et l'hip-
pophaé. Dans les iscles de la Bléone, on trouve aussi de la bour-
daine.

Ainsi les surfaces les plus propres à la culture par leur situation
sont généralement occupées par les cônes de déjection ou par les
lits de cailloux des rivières.

Comme pour les torrents, les travaux de défense contre les crues
des rivières doivent être multipliés et sont quelquefois insuffisants,
malgré de très grandes dépenses d'entretien.

Cette situation est la même pour la Durance et le Var, dans
lesquels se jettent les rivières de la région. Pour la Durance, on
peut même dire que sa grande torrentialité est due pour la plus
grande part au régime des cours d'eau du département.

Les dévastations dans les Basses-Alpes contribuent aussi notablement à d'autres ruines sur tout le parcours de la grande vallée
provençale.

CHAPITRE IV.

LES SITUATIONS LOCALES.

---

§ 1er. ALTITUDES.

Dans les mêmes conditions, les érosions sont en raison directe de la déclivité des pentes et de la hauteur absolue des versants.

Aux grandes altitudes, cependant, l'action du climat et des eaux intervient avec plus d'énergie. Le gel et le dégel s'y produisent chaque jour pendant de plus longues périodes. Les neiges peuvent s'y accumuler plus facilement pour donner lieu à des avalanches. Pendant les orages, tout au moins, les pluies y sont plus abondantes et la chute de la grêle y est plus fréquente et plus intense.

Les essences forestières ne s'élèvent pas actuellement dans les Basses-Alpes à plus de 2,600 mètres (pin cembro, mélèze, épicéa). A ces altitudes, elles se régénèrent difficilement.

La végétation herbacée, qui se maintient au-dessous de la forêt, est peu active et dès lors moins puissante pour s'opposer aux dégradations du sol. Les pelouses situées à de grandes altitudes se ruinent rapidement dans les conditions auxquelles elles sont souvent soumises; mais on ne peut citer encore d'exemple bien caractéristique de pelouses créées sur des terrains dénudés dans des situations comparables.

Dans le département, la hauteur absolue des versants et les plus longues séries de pentes très rapides correspondent généralement aux plus grandes altitudes. Ainsi, pour les nombreux torrents des environs de Barcelonnette, les sommets atteignent 3,000 mètres, et la vallée de l'Ubaye est à 1,200 mètres, à une distance moyenne des crêtes de 7 kilomètres. Dans ces conditions, la pente moyenne dépasse 25 p. 100. Dans les périmètres du Verdon supérieur et de la haute Bléone, il en est à peu près de même. C'est aussi dans ces régions que se trouvent la plupart des grands torrents des Basses-Alpes.

Dans les autres vallées, les pentes dénudées et ravinées occupent quelquefois des aires plus étendues et contribuent aussi activement au régime torrentiel des rivières; mais alors ces pentes affectent des versants moins élevés et sont généralement réparties dans les bassins de combes et de torrents secondaires.

§ 2. EXPOSITIONS.

C'est à la latitude moyenne des Basses-Alpes (44°) que l'exposition a l'influence la plus marquée sur le climat.

Suivant les situations d'isolement ou d'abri par de plus hautes crêtes, les zones de végétation présentent jusqu'à 300 mètres de différence de niveau entre les expositions Nord et Sud.

Les variations de température sont moins accusées au nord et, comme conséquence, les phénomènes de soulèvement, de décapement, de rupture des roches y sont moins accusés. La neige peut persister tout l'hiver sur les versants Nord à des altitudes relativement peu élevées; elle y fond lentement.

Les versants Ouest sont les plus exposés à l'action directe et desséchante du mistral.

L'évaporation et l'action des sécheresses sont beaucoup plus intenses au sud: la neige y fond très rapidement et produit ainsi des eaux de ruissellement quelquefois assez abondantes pour donner lieu à des crues torrentielles. Les terrains restent donc plus frais au nord. Il en résulte que la régénération de la plupart des plantes s'y effectue mieux et que la végétation y est notablement plus active.

L'exposition Est participe plutôt des conditions de l'exposition Nord, et l'exposition Ouest des conditions de l'exposition Sud.

On peut donc dire, d'une façon générale, que, sur les versants Nord, les terrains peuvent mieux résister aux actions destructives du climat et des eaux superficielles.

CHAPITRE V.

L'INTERVENTION HUMAINE.

Aux causes naturelles de l'action torrentielle, si importantes dans les conditions qui viennent d'être décrites pour les Basses-Alpes, il faut ajouter un élément tout différent, mais qui est presque toujours le facteur initial et essentiel de l'activité des causes qui ont été déjà indiquées : l'intervention de l'homme.

Elle se révèle partout d'une façon saisissante dans le passé. De nos jours encore, il faut lui attribuer la part prépondérante dans la ruine progressive du pays.

L'examen de la région, au point de vue de son exploitation économique normale, indique qu'elle comporte, d'une façon générale, trois zones : la zone pastorale, dans les parties peu déclives non susceptibles de culture, soit en raison de leur altitude, soit à cause de la nature des terrains; la zone forestière sur les pentes rapides; la zone agricole dans les vallées, sur les coteaux et sur les plateaux peu élevés.

Dans leurs grandes lignes, ces zones se succèdent régulièrement, par ordre d'altitude, depuis les plus hauts versants où la pelouse existe naturellement. Elles se pénètrent suivant les conditions topographiques, les expositions et les natures de terrains.

Il paraît certain que la végétation forestière couvrait autrefois la plus grande partie de la région, sans aucune distinction de zones. A ce sujet, à l'appui des indications données par les lois naturelles, on peut citer bien des faits ou des traditions locales.

Sur plusieurs points du département, on a trouvé enfouis dans les déjections de torrents des débris ligneux et quelquefois des arbres entiers, tandis que, de mémoire d'homme, les bassins de ces torrents ont toujours été complètement dénudés. A Valavoire, on a construit des maisons avec les bois ainsi trouvés. Ailleurs, grâce à la merveilleuse conservation du bois de mélèze aux grandes altitudes, on retrouve encore en place des débris de souche sur des points où le souvenir d'anciennes forêts n'existe plus. Leurs débris disparaissent peu à peu pour alimenter les feux des pâtres.

La tradition rapporte que d'immenses forêts ont été incendiées à Seyne, à Beauvezer, à Thorame-Haute, sur des versants aujourd'hui ravinés que l'État a dû acquérir récemment pour les restaurer. Quelques noms de cantons désignant des terrains boisés se retrouvent où il ne reste plus trace de forêts.

La répartition générale des principales essences vient à l'appui des mêmes faits. On ne les rencontre quelquefois que par arbres isolés, à de très grandes distances des points où elles sont aujourd'hui localisées en massifs. Ces derniers témoins des anciennes forêts ne subsistent même qu'en raison de leur situation dans des escarpements peu accessibles.

La répartition des massifs actuels, généralement confinés sur les versants Nord, ne peut s'expliquer complètement que par l'intervention de l'homme. Les versants Sud devaient être primitivement aussi bien boisés et ne présenter que les différences de végétation dues à l'exposition.

Les forêts ont disparu et le sol a été « en proie aux torrents », suivant les termes si caractéristiques employés par Surell, l'éminent auteur qui a si bien fait connaître tous les faits se rattachant à la ruine de nos montagnes des Alpes. (*Étude sur les torrents des Hautes-Alpes*, par Surell.)

Les Basses-Alpes, d'un accès très difficile, longtemps dépourvues de voies de communication, ont été habitées par les nombreuses peuplades chassées des vallées plus riches servant de chemins naturels aux invasions et de théâtres aux grandes luttes. A une époque relativement récente, ce sont encore les vallées les plus reculées des grandes Alpes qui ont servi de refuge aux Vaudois fuyant les persécutions. Les populations, plus tranquilles à l'abri de leurs montagnes, se sont bien développées.

Par l'histoire, par les traditions et par les vestiges d'anciennes cultures, on peut reconnaître que la région a été relativement très peuplée. Il y a un siècle, le département comptait près de 200,000 âmes. Par la ruine progressive des montagnes et par le changement de leur situation économique, du fait aussi de l'établissement des nombreuses voies de communication créées depuis cette époque, la population n'a cessé de décroître.

Elle était encore de 156,675 âmes en 1846. Elle a été successivement de 139,332 en 1872, de 136,166 en 1876 et de 124,285 en 1891.

Elle n'a plus été, au dernier recensement, en 1896, que de 118,142 âmes.

On peut dire qu'il y a eu autrefois excès de population, eu égard à la nature du pays et à son exploitation rationnelle.

En raison de cette situation, les limites des trois zones précédemment indiquées n'ont pas été maintenues. Les bois ont été détruits pour augmenter les pâturages et les champs.

Les difficultés des transports et la nécessité qui en résultait de tout produire sur place ont amené l'extension des labours aux terrains les plus ingrats, sur des versants trop rapides et à des altitudes trop élevées.

On a surtout cherché à obtenir des céréales, dans des situations où une culture bien entendue ne comprendrait plus aujourd'hui que la production des herbages, après en avoir limité l'étendue aux surfaces peu exposées aux érosions.

Les pâtures, agrandies des parties déclives anciennement boisées, ont été surchargées de bétail, aussi bien pour les produits d'élevage que pour fournir les engrais nécessaires au développement des cultures qui suivaient les défrichements. Lorsque, en raison de conditions favorables, les pâturages n'ont pas été détruits, ils ont toujours été appauvris par les abus de jouissance : possibilité exagérée; enlèvement ou non-emploi du fumier des troupeaux; manque de mise en défends, pour donner successivement du repos à chaque canton et permettre ainsi la reproduction des bonnes espèces par les graines.

Sur les herbages pâturés chaque année, les plantes dites *nuisibles*, parce qu'elles ne sont pas mangées par le bétail, sont à peu près les seules à se reproduire régulièrement, et elles deviennent ainsi envahissantes.

Indépendamment des érosions que l'on voit dans presque tous les pâturages des Basses-Alpes, de l'abondance des plantes nuisibles telles que l'hellébore fétide, le *Veratrum album*, la grande gentiane, les digitales, les aconits, la belladone, les genévriers, le rhododendron, etc., le mauvais état des pelouses et des pâtures se manifeste encore par les sentiers de piétinement, s'étageant, à côté les uns des autres, suivant des courbes généralement parallèles et de niveau, comme des gradins ininterrompus.

La dégradation du sol a été presque toujours plus rapide sur les pâturages de printemps. Leur situation moins élevée et leur exposition au sud permettent d'y conduire les bestiaux de très bonne heure au printemps et tard en automne. Ce sont les saisons où le sol, soulevé par le gel et détrempé par les neiges ou par les pluies, a le plus à craindre du piétinement. C'est aussi aux mêmes époques et pour les mêmes raisons que les plantes sont le plus sensibles à la dent du bétail, qu'elles peuvent être soulevées ou arrachées.

Le développement des troupeaux de menu bétail (le seul qui soit réellement à redouter), n'a jamais été limité dans le département que par les ressources de son alimentation hivernale à l'étable. Ces ressources ont toujours été peu abondantes, à cause du climat sec de la région et des cultures peu étendues susceptibles d'arrosage.

On y ajoute bien, depuis un temps immémorial, les branches

de la plupart des arbres de la région, principalement du frêne et de
l'orme dans la haute montagne et du chêne rouvre dans les autres
parties; mais, même en mutilant les arbres dans des situations où
souvent ils devraient être respectés, on ne peut nourrir en hiver
qu'un nombre relativement restreint de bestiaux.

C'est une des raisons qui, depuis des siècles, ont amené en
été, dans les Alpes, les troupeaux qui pâturent en hiver dans la
basse Provence. Cette coutume de la transhumance a encore favorisé
l'exploitation « à mort » de nos montagnes, en échange de revenus
vraiment infimes si on les rapporte surtout aux ruines qu'elle a oc-
casionnées.

En nombres ronds, on compte actuellement dans les Basses-
Alpes :

Chevaux, ânes ou mulets..................	25,000
Bœufs ou vaches........................	6,000
Chèvres	27,000
Moutons indigènes......................	260,000
Moutons transhumants...................	90,000

Depuis les temps les plus reculés, la propriété communale a
presque entièrement compris ce qui n'avait pas été primitivement
défriché. C'est aussi une des causes du régime économique peu
rationnel auquel on a soumis la région et des ruines qui se sont
accumulées. Chaque propriétaire a cherché à jouir du bien commun,
dans la plus large part possible, sans autre condition bien souvent
qu'une taxe minime par tête de bétail. On en voit le résultat en
parcourant le pays. Sans aucun plan du cadastre, on peut généralement reconnaître les terrains communaux à leur mauvais
état.

La surface totale appartenant aux communes était encore de
174,535 hectares en 1884, soit les 25/100 de la superficie totale
des Basses-Alpes, qui est de 695,418 hectares.

Pour l'ensemble du département, la répartition générale des terrains, par nature de culture, est, en nombres ronds :

	HECTARES.	
Landes, pâtures et incultes...........	327,000	soit 47 p. 100
Rivières, torrents, lacs, routes, etc.....	30,000	4
Bois (50,067 hectares soumis au régime forestier en 1899)...............	112,400	17
Cultures diverses et propriétés bâties....	226,000	32
Total...............	695,400	100

Lorsque les forêts, richesses accumulées des siècles antérieurs, n'ont pas été défrichées ou détruites, elles ont été exploitées sans aucune règle et presque toujours entièrement appauvries. A la coupe des bois, on a souvent ajouté l'émondage pour l'alimentation du bétail, et l'enlèvement des feuilles mortes pour former des litières et des engrais. Le régime forestier seul a empêché la destruction complète des massifs qui subsistent encore dans une proportion si minime pour un pays aussi montagneux.

Cette exploitation générale de la région, en dehors des conditions naturelles, n'a pu avoir souvent qu'une durée très limitée. Le sol a été rapidement épuisé, les cultures mal situées ont dû être abandonnées, soit parce qu'elles n'étaient plus d'aucun rapport, soit à cause de l'entraînement des terres par le ruissellement des eaux pluviales.

Les montagnes ont été entr'ouvertes par les ravins, et les cultures des vallées ont été emportées par les crues ou recouvertes par les déjections des torrents.

Les travaux de défense des habitations, des champs, des chemins et des canaux d'irrigation sont devenus toujours plus importants et ont rendu l'existence du cultivateur de plus en plus précaire, en absorbant souvent inutilement son temps et ses ressources.

La population a commencé à décroître, continuant cependant

à exploiter le sol « à mort » et cela pour végéter dans les conditions les plus ingrates, les plus difficiles et les plus misérables. L'émigration a été encore favorisée : par la pénétration générale des routes; par la facilité d'apporter partout, à bas prix, les céréales si peu rémunératrices dans les hautes régions; par l'appel des centres et des pays mieux placés pour se développer normalement.

Mais les premières ruines se sont de plus en plus étendues. Le premier sillon ouvert sur la montagne a rapidement fait place au torrent, sur les pentes rapides et dans les terrains affouillables des montagnes bas-alpines. Un simple aperçu des versants, aujourd'hui entrecoupés d'énormes déchirures en voie d'agrandissement, montre qu'ils ne devaient former autrefois que des séries de plans inclinés uniformes ou simplement ondulés.

Lorsque le sol n'a pu être raviné en raison de sa nature rocheuse, les mêmes abus d'exploitation l'ont laissé stérile et la montagne a été abandonnée, dénudée et aride. Si les pentes ne se sont pas alors sillonnées de ravins, elles n'ont pu maintenir aucune terre végétale. Le sous-sol rocheux apparaît partout ne retenant plus qu'une faible partie des eaux pluviales, n'offrant que peu d'obstacles aux avalanches et à l'écoulement rapide des eaux d'orages.

Au printemps, sur les versants dénudés élevés, les neiges fondent en moyenne quinze jours plus vite que sur les pentes boisées. Cette différence est très appréciable pour le régime des sources et des cours d'eau, déjà si irrégulier dans la région pour les causes indiquées précédemment.

Ces montagnes dénudées, qui couvrent le département et lui donnent son aspect caractéristique, s'échauffent et se refroidissent brusquement. En été, elles ne condensent plus les vapeurs, au moment même ou les précipitations atmosphériques seraient bien nécessaires sur les hauts sommets.

Tous ces faits ont une action marquée sur le climat et concourent pour réduire l'étiage des rivières des Alpes, auxquelles les départements de Vaucluse et des Bouches-du-Rhône font des emprunts toujours plus considérables pour alimenter leurs villes et fertiliser leurs campagnes. Récemment, à la suite de sécheresses prolongées, la Durance n'a pu suffire au débit des canaux de ces départements, et de très graves conflits ont éclaté entre les populations intéressées pour la jouissance des eaux disponibles.

Ainsi, par la ruine des forêts et des pâturages, l'intervention de l'homme a été et reste la cause principale de la formation des torrents et du régime irrégulier ou même torrentiel de tous les cours d'eau de la région.

CHAPITRE VI.

ASPECT DES TORRENTS.

Art. Ier. — **Torrents en activité.**

L'aspect des torrents est extrêmement varié, en raison même des conditions si différentes où les terrains se trouvent placés pour résister aux forces naturelles qui sont susceptibles de modifier leur relief et que l'intervention humaine a mis à même d'agir avec plus ou moins de violence.

Tous les torrents se présentent cependant avec des formes générales caractéristiques. On y retrouve toujours l'aspect d'un immense sablier, dont l'axe serait fortement incliné sur l'horizon et qui fonctionnerait irrégulièrement, avec l'intervention de l'eau et le remplacement du sable par des matériaux divers.

Sur le flanc des versants, c'est une échancrure plus ou moins large et profonde : le bassin de réception.

Au pied de la montagne, une gorge ou canal d'écoulement donne issue aux eaux et aux laves qui se réunissent à la partie inférieure du bassin de réception.

Dans la vallée, au débouché de la gorge, les eaux ne peuvent plus charrier les matériaux enlevés à la montagne, en raison des pentes plus faibles de la vallée principale et de la place dont elles peuvent alors disposer pour s'épanouir; elles déposent les matériaux entraînés jusque-là et divaguent sur le cône de déjection, amas régulier de leurs dépôts successifs.

Dans les terrains affouillables, les bassins de réception des torrents, dont l'activité a pu s'exercer pendant d'assez longues périodes, sont profondément creusés et ont généralement la forme d'entonnoirs. Dans ces sortes de cirques, les affluents du torrent ont des directions convergentes pour confluer près du sommet du canal d'écoulement. Ils forment la *patte d'oie*.

On rattache les formes variées des bassins de réception à plusieurs types de cours d'eau torrentiels :

« 1° Le torrent simple ne comprend qu'une gorge à laquelle aboutissent des ravins en plus ou moins grand nombre;

« 2° Le torrent composé est formé par plusieurs torrents simples qui se réunissent dans une même gorge;

« 3° La combe est une large échancrure entamant la base ou le flanc d'un versant, profondément rongée par une multitude de petits ravins qui se réunissent presque au même point, sont toujours à sec et ne reçoivent en temps de pluie que l'eau qui tombe sur leur champ d'érosion; dans la combe, la gorge n'existe qu'à l'état rudimentaire. » (*Étude sur les travaux de reboisement et de gazonnement des montagnes*, par P. Demontzey.)

Dans les Basses-Alpes, ce sont des torrents composés et des combes que l'on rencontre le plus fréquemment dans les périmètres de l'Ubaye, de la haute Bléone et du Verdon supérieur. Dans les autres périmètres, on rencontre plutôt des torrents simples, des combes et des milliers de ravins. Le type le plus remarquable de torrent composé est le Riou-Bourdoux, aux environs de Barcelonnette.

Parmi les torrents simples très nombreux de la région, il y a lieu de citer : le Riou Saint-Pons, adjacent au Riou-Bourdoux, et les torrents de la rive droite de la Vaïre, dans le périmètre du Var-Colomp.

En raison même des affouillements successifs, le profil en long des torrents, dans les bassins de réception, s'établit en courbe concave vers le ciel, et la déclivité augmente régulièrement de l'aval à l'amont.

Les canaux d'écoulement ont des pentes variables, des longueurs

et des largeurs très différentes, suivant que les affouillements ont
pu s'y produire ou qu'ils sont établis dans des roches solides. Dans
certaines failles, ils constituent des défilés peu accessibles, de véritables clues qui obligent de passer à mi-hauteur des versants, ou
même par des cols, pour pénétrer dans le bassin de réception.
C'est le cas du torrent de Saint-Pierre, dans le périmètre du Verdon
supérieur.

Les cônes de déjection ont tous la même forme générale, en
éventail, avec des pentes variant avec la nature et les dimensions
des matériaux charriés. Dans les vallées larges, où ils rencontrent
peu d'obstacles à leur épanouissement, ils occupent de grandes
surfaces. A cet égard, il y a lieu de citer surtout : dans le périmètre de l'Ubaye, les torrents des Sanières, de Faucon et du Riou-
Bourdoux; dans le périmètre de Durance-Sasse, le torrent de Chabert; dans le périmètre de Durance-Vanson, le torrent des Graves;
dans le périmètre du Verdon supérieur, les torrents de Saint-
Pierre, de Pasquier et de Riou-Gaudran.

Dans les vallées étroites parcourues par des rivières ayant un
grand volume d'eau et un cours torrentiel, les matériaux entraînés
par les torrents sont balayés par les crues et il n'y a plus de cônes
de déjection.

Jusqu'au moment d'arrêt d'une coulée de laves sur le cône de
déjection, il y a transport en masse de tous les débris charriés. Les
plus gros blocs sont à la partie inférieure de la coulée; les galets,
puis les graviers, se trouvent ensuite successivement d'aval en
amont. C'est l'ordre inverse des dépôts précédemment indiqués
pour les crues sans laves. Il en résulte à ce moment, pour le profil
en long de cette partie du torrent, une courbe convexe vers le
ciel. Pendant les crues ordinaires ou dans les périodes de repos,
les eaux opèrent le travail déjà indiqué du triage des matériaux, et
la même courbe du cône de convexe devient concave.

Par l'exhaussement dû à leurs dépôts, les eaux tendent rapidement à rendre les parties où elles passent plus élevées que les par-

ties adjacentes du cône de déjection. Par cela même, elles se dé-
versent facilement à droite et à gauche. Elles changent ainsi fréquemment de place et, par des dépôts successifs sur tout le cône,
elles lui donnent la forme générale régulière qui le caractérise et
qui motive son appellation.

Dans toutes les vallées du département, pour empêcher l'en-
vahissement des cultures par l'établissement des cônes que les
moindres ravins tendent à former, on exhausse constamment, par
des levées de terre, les berges des lits de ces ravins dans leur passage transversal des vallées, de façon à obtenir des lits fixes. Les
vallées sont ainsi fréquemment coupées par des levées longitudi-
nales parallèles, de hauteur variable, au sommet desquelles se
trouvent placés des lits encaissés de ravins. Sur leurs courts revers,
ces levées sont garnies généralement d'arbres exploités en têtards
et quelquefois partiellement de vignes dans la partie la plus méri-
dionale de la région. Des aqueducs sont souvent établis au-dessus
des routes et des voies ferrées, pour le passage des lits de ravins
établis dans ces situations.

Les endiguements, de quelque nature qu'ils soient, ne peuvent
être faits dès que les torrents en activité ont une certaine importance. Les cônes restent alors incultes et s'agrandissent aux dépens
des cultures. Pour les traverser, on ne peut souvent établir de
ponts, en raison de l'instabilité des lits. Les communications sont
par suite moins faciles; elles donnent lieu à des entretiens onéreux
et quelquefois elles sont complètement entravées par le passage ou
les dépôts des crues.

Par le volume extraordinaire des débris charriés et la grosseur
des matériaux entraînés par certaines crues, les cônes de déjection
rejettent le lit des rivières principales sur la rive qui leur est
opposée. A la suite de grands orages, on les a vus former de véritables digues transversales et, en barrant ainsi les vallées, donner
lieu à des lacs temporaires. Le 9 juin 1892, ce fait s'est produit
entre Saint-André et Thorame-Basse, dans une partie de la vallée

de l'Issole où heureusement ne se trouvent ni cultures ni habitations. L'Issole, qui a un débit de 2 à 3 mètres cubes à l'étiage, a mis deux ans à enlever complètement la digue formée en quelques heures par les apports d'un simple ravin. La route de la vallée de l'Issole, complètement submergée sur une certaine longueur, a dû être reportée immédiatement, puis maintenue à 10 mètres au-dessus de son ancienne assiette.

Avant les importants travaux de restauration qui ont si notablement réduit l'activité du torrent du Riou-Bourdoux, une catastrophe de cette nature était bien à redouter pour les environs de la ville de Barcelonnette, située sur l'Ubaye, à 4 kilomètres en amont du cône du torrent.

Si les crues ne peuvent amener que dans des circonstances exceptionnelles la formation de barrages dans les vallées, leurs apports provoquent, au moins momentanément, dans le voisinage du confluent de chaque torrent, des exhaussements assez marqués pour être la cause d'inondations localisées. Ainsi, par suite des glissements et des éboulements déjà indiqués pour le torrent de Poche, ce torrent, situé à 6 kilomètres en amont de Barcelonnette, entraîne de telles masses de matériaux que l'on peut craindre une inondation de la ville de Barcelonnette par des crues simultanées de l'Ubaye et de ce torrent.

L'aspect du cône de déjection d'un torrent permet d'apprécier dans une certaine mesure son importance et son degré d'activité. On y reconnaît le passage des dernières crues et on peut souvent en évaluer le débit et les apports.

Les matériaux charriés sont, en effet, généralement reconnaissables par leur couleur et à leurs dispositions. Des *témoins* restent sur le cône et au sommet des berges du lit que les eaux claires creusent plus ou moins profondément après le passage des crues.

Le débit maximum des laves s'apprécie souvent mieux encore dans la gorge du torrent. Au plus haut niveau atteint, il reste sur

chaque rive un cordon de témoins ou tout au moins des bavures ;
ce sont les *lèvres* de la lave.

L'ancienneté des divers dépôts d'un torrent, et par là, l'indication des phases diverses de son activité, est encore souvent donnée
par l'observation du cône de déjection : par son boisement partiel ;
par les cultures et les digues qui peuvent y être établies ; par les
stratifications visibles de ses dépôts successifs dans la grande berge
verticale produite à sa base par les érosions de la rivière où le
torrent vient confluer. Pour les torrents dont l'activité remonte à
des périodes très reculées, le creusement des vallées principales a,
au contraire, amené quelquefois l'établissement d'un profond canal
d'écoulement dans le cône des premiers dépôts et la formation pos-
térieure d'un ou plusieurs cônes accolés au premier et étagés, par
ordre d'âge, à des niveaux de moins en moins élevés. On appelle
souvent ces derniers dépôts : cônes *adventifs*. Cette disposition
est tout particulièrement marquée pour le Riou-Bournin, près du
village de Méolans ; elle est aussi très nette pour les torrents de
Saint-Pierre et de Pasquier, dans le périmètre du Verdon supérieur.
Sur une des photographies jointe à un autre titre à la présente
notice, on peut remarquer deux cônes adventifs peu importants.

Ainsi « l'examen de cet amas de matériaux est extrêmement inté-
ressant au point de vue de l'historique du torrent. Il révèle la puissance avec laquelle ce torrent a exercé son action dans l'ère loin-
taine où son fonctionnement atteignait le maximum d'intensité ; il
montre les effets actuels et journaliers de la continuation de ce fonctionnement. » (Notice P. Carrière, mars 1889.)

Art. 2. — **Torrents éteints et terrains restaurés.**

L'action torrentielle s'éteint, ou tout au moins change de forme,
lorsque les érosions ont enlevé tous les terrains affouillables du
bassin de réception et qu'il n'y reste que des roches difficilement
désagrégeables. Les apports deviennent alors à peu près nuls.

Cependant, si le sol reste dénudé, le régime des eaux se maintient plus ou moins irrégulier, suivant la forme du bassin de réception et la proportion des terrains perméables qui, sur les pentes de ce bassin, peuvent filtrer ou retenir une partie des eaux pluviales. En rapport avec ces circonstances locales, les crues de ces torrents à eaux claires peuvent être plus rapides et moins longues, avec débit plus considérable, dans un même temps, que les crues des torrents à laves.

L'extinction complète d'un torrent n'est assurée que par le boisement de l'ensemble de son bassin de réception, tout particulièrement des surfaces où les terrains sont en pente rapide avec une nature affouillable ou peu perméable. Il n'y a plus, dès lors, ruissellement dans les conditions précédemment indiquées, et l'action de la forêt, en retardant l'écoulement des eaux, transforme le torrent en ruisseau à régime régulier. Çà et là, dans les Basses-Alpes, cette extinction complète s'est produite naturellement pour quelques torrents et ravins où l'action de la végétation n'a pas été entravée par l'intervention humaine. Les exemples sont peu nombreux, mais quelquefois très caractéristiques.

Ainsi le ravin de la Maure, à Uvernet, a été très actif, comme l'indiquent l'étendue relative de son cône de déjection et la grosseur des matériaux charriés. Aujourd'hui son bassin de réception est complètement boisé; un canal d'écoulement fixe s'est creusé dans les anciens dépôts, et le cône est entièrement boisé.

Sur le territoire de la commune de Digne, près du village de Gaubert, le torrent de Saint-Martin a eu des phases de grande activité. Son bassin de réception, profondément creusé sur le flanc du Cousson, montre sur ses pentes rapides, aujourd'hui boisées, les profils en travers de grandes érosions. Par le talutage des berges, qui ne sont plus affouillées à leur base, et par la retenue des matériaux dans les thalwegs, ces profils ne présentent plus actuellement que des courbes adoucies. Le cône de déjection, très étendu, est maintenant entièrement cultivé. Le torrent a des crues peu mar-

quées et inoffensives; il ne charrie plus que les apports peu importants de quelques ravins secondaires non boisés, situés dans la
partie inférieure de son bassin de réception.

Les torrents redeviennent actifs, après s'être éteints, sous l'action
des mêmes causes qui les avaient primitivement créés. Les cultures
ou les habitations établies sur certains cônes de déjection en
donnent souvent la preuve.

A Vergons, le cône de déjection du ravin de Font-Claude est
entièrement cultivé; cependant, avant les travaux de reboisement
qui ont été entrepris depuis vingt ans dans le bassin de réception, ce
torrent avait repris une telle activité, que les nouvelles déjections
commençaient à s'étaler sur les cultures, à menacer le village et à
obstruer le débouché de la route nationale.

Le bourg des Mées avait pu s'établir au débouché même d'un
torrent éteint. Mais celui-ci reprenant peu à peu son activité, on
avait dû en détourner le cours dans un tunnel creusé à travers le
coteau formant la rive droite du canal d'écoulement. Ce débouché
devint insuffisant, et l'existence même du village était menacée par
le passage et les dépôts des eaux torrentielles. En 1875, une crue
remplit de déjections les caves, les magasins et les rues de cette
localité importante. Sur la demande de la population, les travaux
de restauration furent entrepris en 1876. Par leur action, le
torrent est de nouveau à peu près éteint.

Un grand nombre de torrents et de ravins des Basses-Alpes sont
aujourd'hui en voie rapide d'extinction ou même éteints à la suite
des travaux entrepris par l'Administration des eaux et forêts pour
la restauration du sol des bassins de réception. Il y a lieu de citer
à ce sujet : dans le périmètre de l'Ubaye, les grands torrents des
Sanières, du Bourget, de Faucon, du Riou-Bourdoux, de la
Bérarde, de Gaudissart, de Riou-Chanal et de Rif du Faut; dans
le périmètre de la Blanche, la plupart des torrents simples qui
descendent sur les flancs Ouest des montagnes de Seyne, tout particulièrement les torrents de Mearze et de Vézeraye; dans le péri-

mètre de Durance-Sasse, les nombreux ravins des sources de la Sasse, des environs de Bayons et de la Motte-du-Caire; dans le périmètre de Durance-Vanson, divers ravins à Mélan et l'Escale; dans le périmètre de Durance-Jabron, le petit ravin du Mollard, important seulement par son voisinage immédiat de la ville de Sisteron; dans la haute Bléone, le torrent du Labouret et de nombreux ravins situés au Vernet, à Beaujeu, à la Javie et au Brusquet; dans la basse Bléone, divers ravins situés à Gaubert, à Saint-Jurson, aux Mées, à Auribeau et Mélan; dans l'Asse supérieure, de nombreux ravins des environs de Barrême et de la rive droite de l'Asse au-dessous de Barrême; dans le Verdon supérieur, de nombreux ravins situés à Saint-André, Thorame et Lambruisse; dans le Verdon moyen, plusieurs ravins à Vergons, Angles et Castellane; dans le Verdon inférieur, une infinité de ravins à Moustiers; dans le Var-Colomp, plusieurs ravins à Vergons.

Par l'extinction des ravins et torrents ou simplement par la restauration de terrains en pente rapide, de grands résultats ont été déjà obtenus dans toutes les localités que nous venons de citer et dans d'autres protégées par les mêmes périmètres. L'établissement de voies de communication ou de canaux a été facilité, l'entretien de tous les ouvrages de cette nature a été rendu moins onéreux sur d'énormes parcours : de Digne à Barcelonnette et Meyronnes, de Digne à Annot, de Saint-André à Thorame-Basse, de Sisteron à la Motte-du-Caire, etc. L'activité du torrent du Riou-Bourdoux a suffisamment diminué pour permettre l'établissement d'un lit fixe sur le cône de déjection et la construction de plusieurs ponts pour le passage des eaux en temps normal ou avec l'éventualité du fonctionnement, par les grandes crues, du déversoir établi en tête de ce canal d'écoulement artificiel.

Dans la vallée de l'Ubaye, l'existence des villages des Sanières, du Bourget, de Faucon, de Saint-Pons, d'Uvernet a été sauvegardée. Il en a été de même dans le périmètre de la basse Bléone pour le bourg des Mées, et dans le périmètre du Verdon moyen pour le village de Vergons. Les environs de Barcelonnette n'ont plus à craindre le barrage de la vallée par l'extension du cône du Riou-Bourdoux. Les cultures ont pu commencer à s'étendre sur certains cônes de déjection. A l'Iscle, commune de Vergons, des champs, ensevelis de mémoire d'homme sous les déjections, ont pu être récemment remis en culture.

L'action générale de ces travaux de restauration du sol sur le régime des rivières du département est certaine, mais encore peu appréciable. D'une façon générale, il faudra, pour obtenir de vrais changements de cette nature, que les travaux soient étendus à tous les terrains compris dans les périmètres de restauration et que la forêt y soit suffisamment développée pour exercer toute son action. Cependant on peut dire que, par suite des travaux effectués à Thorame-Basse, à Lambruisse et à Saint-André, l'Issole charrie moins de matériaux et a un régime plus régulier. Ce fait est rendu sensible, dans la partie inférieure du cours de l'Issole, par l'exten-sion des iscles sur les plages de cailloux roulés et, sur beaucoup de points, par l'encaissement des eaux dans un lit devenu fixe entre les rives ainsi boisées.

Art. 3. — Paysages torrentiels.

Dans les conditions qui viennent d'être successivement exposées, les Basses-Alpes présentent sur leur ensemble des séries presque ininterrompues de paysages torrentiels.

Les traits saillants en sont donnés par les formes variées décrites pour les bassins de réception, les gorges et les cônes de déjection des torrents. Le caractère en est accentué par l'apparence générale de sécheresse, de nudité et de stérilité du sol, depuis les crêtes rocheuses et les versants profondément déchirés par les ravins, jusqu'aux amoncellements des cônes de déjection et aux vastes délaissés arides des principales rivières. Ces paysages sont souvent grandioses par leur relief, par le spectacle de la puissance des

torrents, par l'impression de la nature frappée de mort au milieu
du chaos de la ruine des terrains et du bouleversement du sol.

Les coloris les plus divers en modifient encore les aspects chan-
geants, par les teintes que chaque nature de terrain possède en
propre et révèle lorsque le sol est dénudé.

Dans les vallées orientées perpendiculairement à la direction
Nord-Sud, particulièrement dans les vallées de l'Ubaye, de la Sasse
et du Jabron, les caractères du paysage torrentiel paraissent plus
frappants par le contraste de la suite des versants Sud, généralement en proie aux torrents, et des versants Nord boisés ou ver-
doyants. Dans les vallées ayant l'orientation parallèle à la même
direction, notamment dans la vallée du Verdon jusqu'à Castellane,
la même opposition existe encore entre les versants Est et Ouest,
mais elle est moins marquée. Elle est très apparente alors dans les
vallées latérales et dans les bassins de chaque torrent aux cours
perpendiculaires à la vallée principale.

Dans la variété infinie des grands torrents et des milliers de ravins qui désolent les Basses-Alpes et qui se succèdent, isolés ou
groupés, dans les situations les plus différentes, avec les natures de
terrain les plus diverses, on remarque des paysages torrentiels
ayant le même caractère général. A cet égard, le rapprochement
s'établit surtout dans les régions du département où l'on retrouve
les mêmes formations géologiques, dans des conditions à peu près
semblables. On peut ainsi mentionner des séries de paysages présentant de nombreux traits communs et la même physionomie d'ensemble.

Les séries de ce genre qui forment les groupes les plus distincts
sont indiquées ci-après, en suivant l'ordre correspondant à l'importance de chaque groupe :

1° Pour la plupart des grands torrents des périmètres de
l'Ubaye, de la haute Bléone et pour quelques torrents des périmètres de la Blanche et du Verdon supérieur, aux grands escarpements gris des grès déchiquetés qui occupent les crêtes succèdent,

par places, de grandes clappes des mêmes grès, puis, dans la plus grande partie du bassin de réception, d'immenses pentes de terres noires ravinées. Çà et là, des taches de boues glaciaires tranchent sur la couleur noir bleuâtre uniforme de ces marnes. Les cônes de déjection, d'une couleur gris noirâtre, sont très développés et composés de matériaux de toutes grosseurs.

Dans les mêmes périmètres, un grand nombre de combes et de ravins adjacents aux grands torrents, ou isolés, sont entièrement creusés dans les terres noires.

2° Pour de très nombreux cours d'eau torrentiels, d'importance moindre, dans les régions moins élevées des périmètres de Durance-Sasse, de Durance-Vanson, de la partie inférieure de la haute Bléone, de l'Asse supérieure, du Verdon moyen et du Var-Colomp, on retrouve le même aspect avec le remplacement des escarpements irréguliers de grès par des barres et des rochers calcaires blanc rougeâtre à parois verticales fréquemment régulières et creusées de *baumes*, grottes de grandeur variable. Les terres noires y sont fréquemment remplacées par de longues séries d'assises alternativement calcaires et marneuses qui sont étagées en longues pentes à gradins ou, par places, en escarpements coupés de très nombreuses corniches. Les cônes de déjection sont toujours formés de matériaux de toutes grosseurs, et la couleur noire des boues marneuses y est encore dominante.

3° Dans les affleurements immenses de la formation crétacée, vers le centre du département, on a, dans les périmètres de l'Asse supérieure, du Verdon supérieur et du Var-Colomp, quelques torrents entièrement creusés dans des calcaires crayeux blancs. Ces torrents sont généralement simples. Le relief est moins accidenté que dans les groupes précédemment décrits. Les crêtes sont plutôt mamelonnées ou en dômes. Les versants ne paraissent avoir souvent qu'une seule pente régulière. Des montagnes entières apparaissent complètement nues et crayeuses, d'une blancheur qui fatigue la vue et donne à cette région centrale l'aspect le plus aride et le plus désolé du département. Ainsi que cela a été déjà mentionné, les cônes de déjection ne présentent que des cailloux blanchâtres semblables comme forme et grosseur à des matériaux d'empierrement.

La montagne la plus importante et la plus caractéristique de ce groupe est le Cheval-Blanc, longue croupe, de 2,300 mètres d'altitude, déjà indiquée entre les vallées du Verdon et de la Bléone.

4° Sur les limites des calcaires crayeux de la formation crétacée, dans les périmètres de la haute Bléone, quelques torrents ont encore leurs parties supérieures dans cet horizon de couleur blanche, tandis que les parties inférieures sont creusées dans les marnes noires aptiennes. Il en résulte des oppositions de couleur et un aspect tout spécial bien caractérisé à la Mure, à Angles et à Vergons.

5° C'est dans les terrains généralement affouillables de la formation des poudingues à galets impressionnés que les paysages torrentiels ont le caractère le plus constant. Ils sont confinés aux berges, de 200 mètres au plus d'élévation, qui entourent ou qui découpent intérieurement cette immense nappe de dépôts. Les aspects de détails sont seuls modifiés par la consistance variable de ces sédiments rarement cimentés en véritable poudingue, par la grosseur des cailloux impressionnés qui dépasse rarement 1 décimètre cube et dont la moyenne est de 50 à 100 centimètres cubes, par la plus ou moins grande quantité des terres argileuses ou sableuses mélangées aux cailloux, par la couleur de ces terrains, uniformément jaune pour l'ensemble de la formation et avec grandes taches ocreuses dans quelques localités. Il n'y a plus de véritables grands torrents, mais des ravins quelquefois très importants, subdivisés comme des torrents composés et charriant de grandes masses de matériaux. Entre les différents couloirs d'érosion subsistent souvent des *dos d'âne* plus ou moins boisés en chênes rouvres exploités en têtards. On retrouve très fréquemment cet aspect général dans les périmètres du Verdon inférieur, de l'Asse inférieure, de basse Bléone, tout particulièrement à Moustiers,

Sainte-Croix, Montpezat, Mézel, Estoublon, Puimoisson, l'Escale, Chénerilles, Espinouse, le Chaffaut.

6° Les marnes bigarrées du trias, réparties par taches ou par bandes dans tous les périmètres, montrent des arrachements d'apparence toute spéciale. Sur ces terrains argileux, très affouillables, le sol se présente plus divisé que partout ailleurs par les érosions. Les couleurs jaunes, vertes, rouges, bleues, noirâtres qu'ils présentent par teintes dégradées, et les dépôts de gypse blanc et rouge qui les accompagnent presque toujours, les font distinguer aux plus grandes distances. Ils attirent tout de suite l'attention dans les paysages les plus torrentiels. Sur les versants où la dégradation du sol est localisée à leurs affleurements, ces arrachements striés de ravins et à coloration curieusement bigarrée ont l'aspect de plaies sur un corps vivant. C'est ce qui a souvent fait dire de montagnes verdoyantes rongées par de telles érosions, qu'elles avaient des taches de *lèpre*. On distingue ainsi les dépôts de trias aux environs de Méolans, de Curbans, de Saint-Geniez, d'Auribeau, de Lambert, de Digne, de Barrême, de Castellane et de Castellet-les-Sausses.

7° Dans les vallées du Lauzon, du Largue, de la Sasse, du Vanson, de la Bléone et de l'Asse, les dépôts de molasse ont un aspect tout spécial. Ce sont de simples coteaux, de couleur gris jaunâtre, d'une hauteur dépassant rarement 150 mètres, disposés généralement en petites vallées parallèles et présentant, aussi bien à leurs sommets que sur leurs flancs, des escarpements peu élevés de grès à ciment calcaire. Entre ces bancs de grès, les terrains sont argileux, très ravinés et partiellement couverts de débris gréseux à taches noirâtres sur les plans de stratification. Même dans le cadre réduit de ces coteaux, la suite continue des ravins, qui les déchirent complètement et dont l'activité est très intense, donne au paysage torrentiel un aspect ruiniforme tout particulier et très caractérisé.

8° Sur quelques points du département, les terres noires forment à elles seules des suites de petits coteaux formant quelquefois comme des groupes orographiques indépendants. Le facies en est aussi tout spécial. Les longues suites de petits mamelons ravinés apparaissent en forme de vagues subitement solidifiées. On remarque ce caractère de paysage torrentiel : à Peipin, Salignac et Vilhosc, dans les marnes aptiennes; près du Brusquet, dans les marnes liasiques; aux environs de la Motte-du-Caire, dans les marnes calloviennes.

9° Dans la région du Lubéron, dans les formations de calcaires compacts, à Quinson, à Montpezat et dans le sud de l'arrondissement de Castellane, on trouve quelques petites vallées rocheuses, peu profondes, à sol perméable et en grande partie dénudé, où les ravins ont quelques crues d'eau claire au moment des grands orages. L'aspect de ces régions à relief accentué par des barres rocheuses est toujours très aride. La roche blanchâtre apparaît, dépouillée en grande partie de terre végétale, au milieu de broussailles ou de maigres taillis peuplés, suivant les localités, de chênes rouvres, de chênes yeuses et d'arbrisseaux de la flore méditerranéenne.

CHAPITRE VII.

CONCLUSIONS.

De l'aspect et du fonctionnement des torrents éteints ou en voie d'extinction, des résultats déjà acquis par la restauration des terrains dans les conditions les plus difficiles, de l'état florissant de certaines pelouses mieux exploitées, on peut juger de la transformation que subirait la région par le retour à un régime normal et à une exploitation rationnelle des trois zones qu'elle comprend et qui ont été précédemment mentionnées.

La zone pastorale serait régénérée et améliorée constamment par des épierrements, par des irrigations, par la destruction des plantes nuisibles, par des fumures et des mises en défends périodiques; elle pourrait occuper, sur certaines pentes, des surfaces moins étendues, mais elle s'agrandirait ailleurs, ou, tout au moins, pourrait nourrir, à surfaces égales, un plus grand nombre de bestiaux.

Par sa reconstitution, la zone forestière, la plus atteinte par les dévastations actuelles, rendrait le pays verdoyant et moins désolé par les sécheresses; elle changerait les torrents en ruisseaux; elle faciliterait ainsi le développement et l'entretien des canaux et des voies de communication; en rendant les eaux plus abondantes à l'étiage, elle permettrait l'irrigation plus complète du département et des régions inférieures. Cette reconstitution serait à obtenir pied à pied sur les ruines actuelles, en espaçant les travaux sur un grand nombre d'années, pour les rendre moins coûteux et pour n'amener aucun changement trop brusque dans la vie économique des populations. Avec des eaux plus claires et des crues moins fortes, les rivières se canaliseraient dans les plaines de cailloux où elles divaguent de nos jours. Les iscles envahiraient d'abord tous ces délaissés et feraient ensuite place aux riches cultures sur alluvions.

La zone agricole, notablement plus vaste par ces conquêtes dé-
finitives, serait rendue à une ère nouvelle de prospérité par des
irrigations abondantes et par la sécurité donnée aux cultivateurs,
désormais assurés de ne plus voir leurs champs rongés par les érosions ou ensevelis sous les apports des crues.

Les Basses-Alpes, avec des terrains rendus partout à leur desti-
nation naturelle, dans les meilleures conditions d'exploitation, ga-
gneraient beaucoup en richesse. Au lieu d'émigrer, pour vivre d'un
travail plus rémunérateur, la population pourrait s'accroître pour
mettre en valeur avec profit les pâturages reconstitués, les forêts
restaurées et les champs agrandis des terrains placés dans les conditions les plus favorables à la culture.

Cette féconde régénération est infiniment désirable. Sa prochaine
et complète réalisation, nous l'appelons de nos plus chères espé-
rances de reboiseur, de nos meilleurs vœux de patriote, de nos plus
ardentes aspirations d'ami de l'humanité.

1. — TORRENT

III. — Vue du vers

ontagne de Chamatte.

II. — Vue de

a Vaïre à Fugeret.

II. — Vue de la rive droite du Verdon, à Colmars.

V. — Marnes irisées à Digne.

VI. — Ravins affluents du torrent de Gaudissart (terres noires).

VII. — Partie du bassin de réception du ravin de Font-Claude.

VIII. — Ravin de Combe Rinard à Annot.

IX. — Terrains de la formation des poudingues à galets impressionnés.

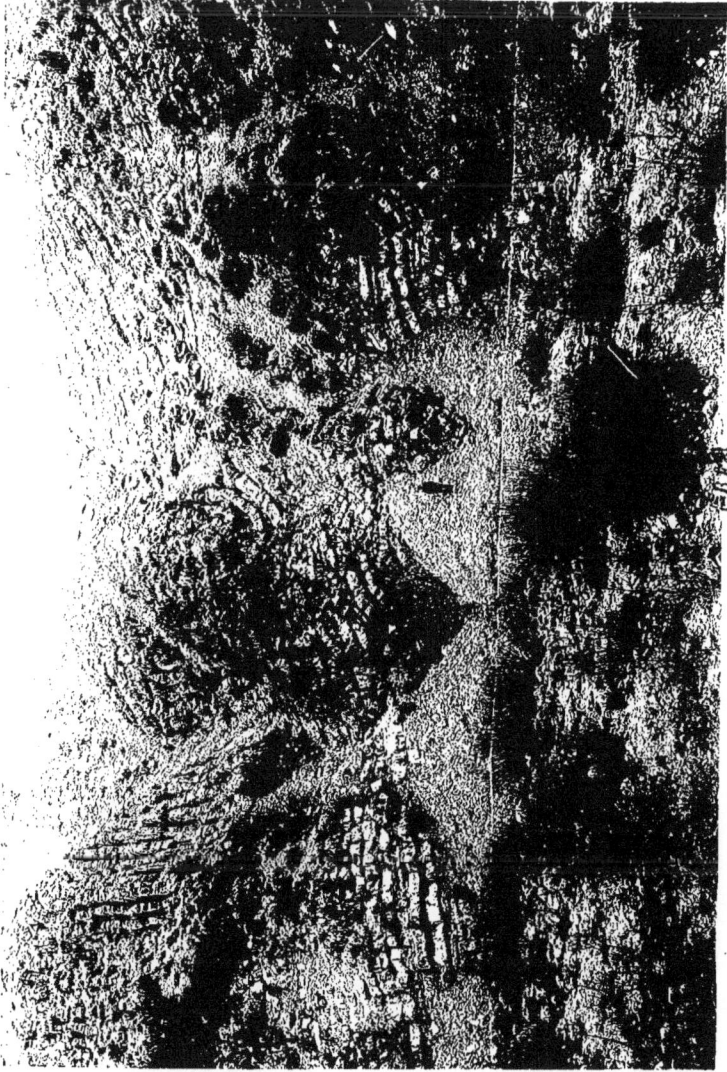

X. — Berge gauche de l'Asse de Moriez.

XI. — TORRENT DE POCHE. Terres noires.

XII. — Vallée de la Bléone en aval de Digne.

XIII. — Vue du torrent éteint de Saint-Martin.

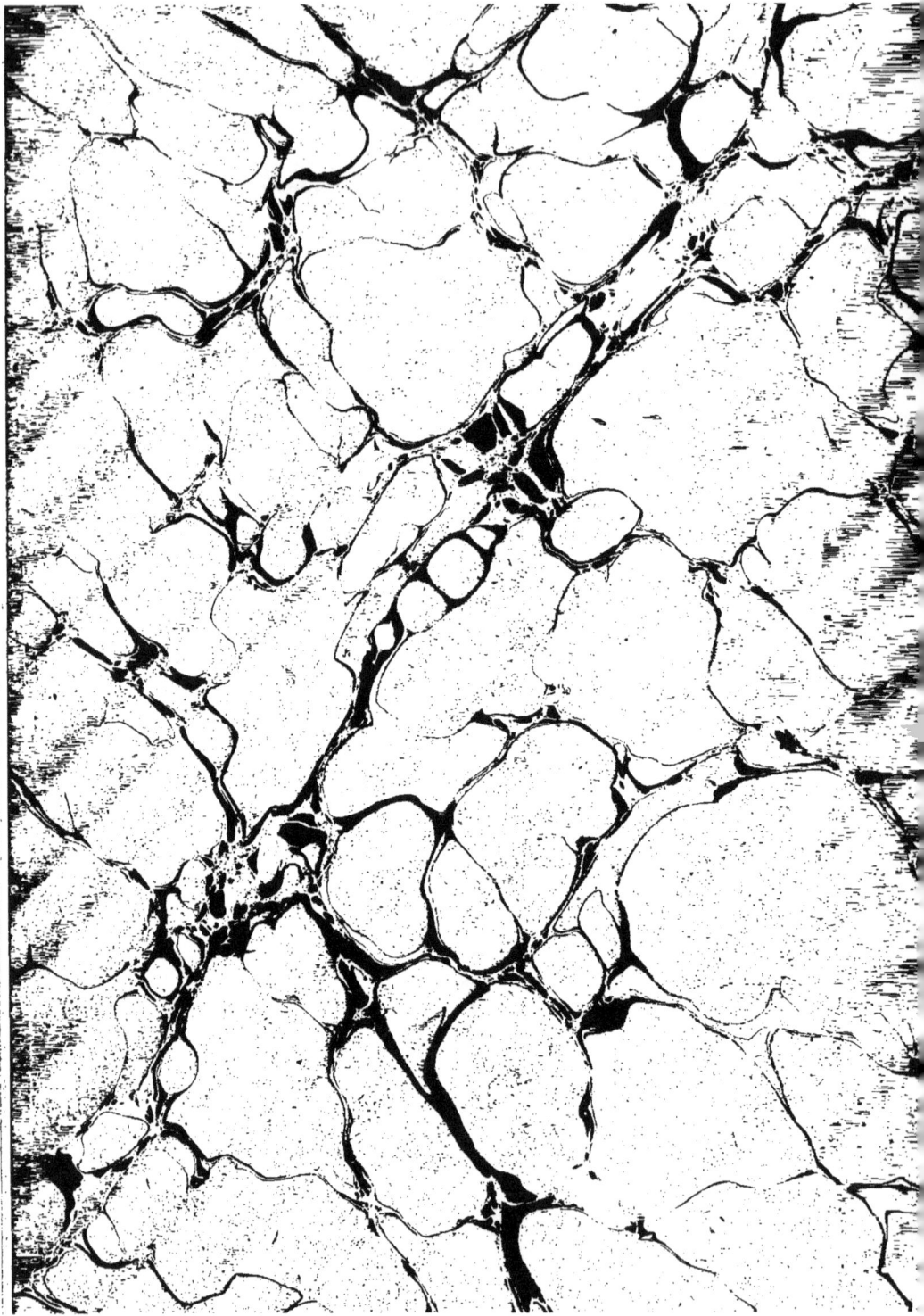

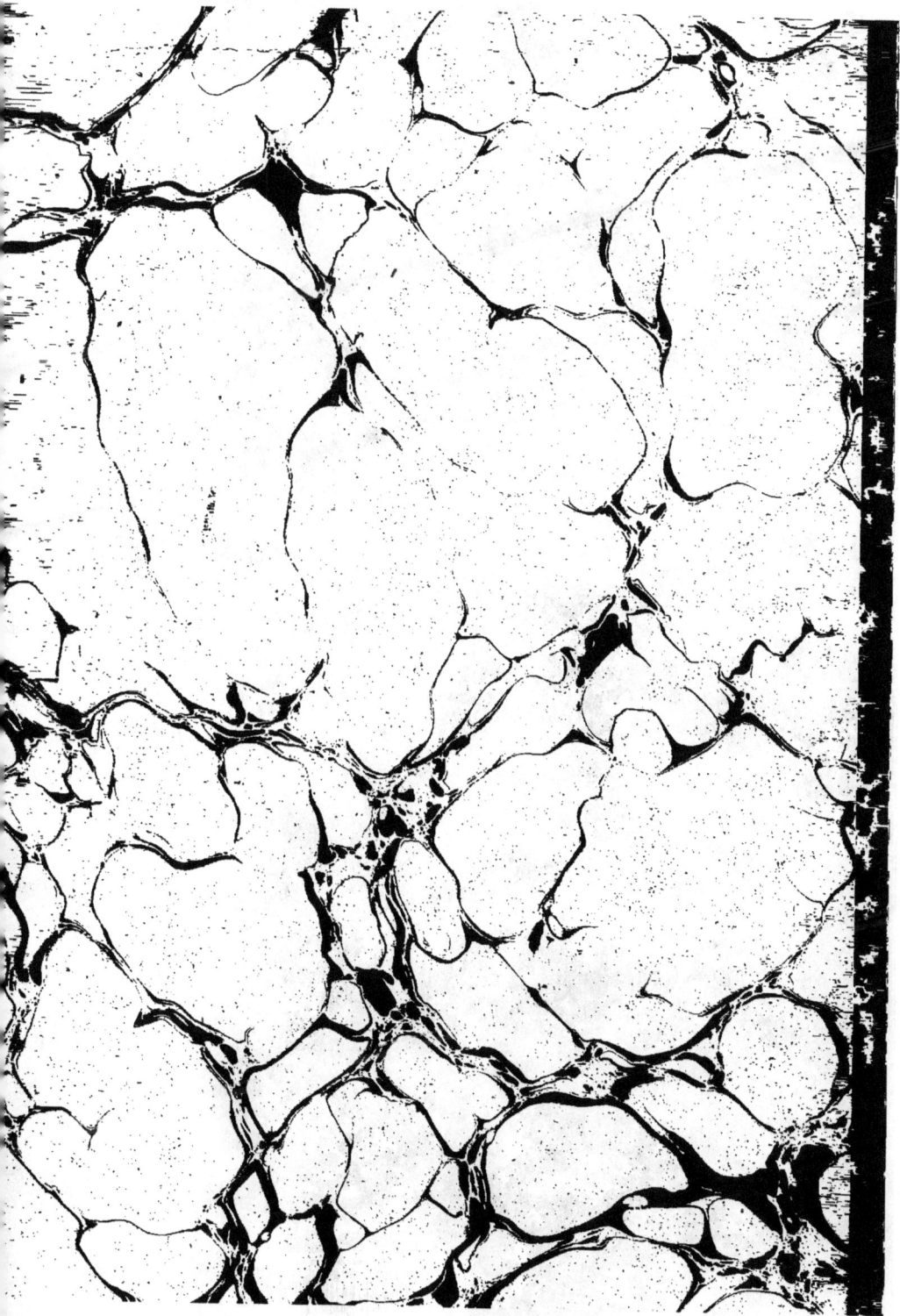

www.ingramcontent.com/pod-product-compliance
Lightning Source LLC
Chambersburg PA
CBHW071220200326
41519CB00018B/5617